职业教育·通用课程教材

电气控制及PLC应用

——项目化教程

田国兰　刘旭东　王彩芸　主　编

童克波　主　审

人民交通出版社股份有限公司

北　京

内 容 提 要

本教材为职业教育通用课程教材。其主要内容包括6个项目,分别为常用的低压电器元件及典型线路、PLC基本概况、FX3U系列PLC的基本指令及其应用(基础知识模块)、步进顺控指令及其应用(高级技能模块)、功能指令及其应用(工程设计应用模块)、触摸屏认识及应用(综合应用模块)。整本教材共23个任务,按照"学习目标—工作任务—导学结构图—课前导学—任务实践—课后巩固—拓展提升—任务测评"的思路设计,训练学生的自学能力、团队协作能力、创新能力,激发学生学习兴趣和创新潜能。

本教材可作为职业院校交通运输大类、装备制造大类等专业教材,也可作为企业培训教材。

本教材配套PPT课件、在线精品课程(总时长426分钟)、答案解析等,任课教师可加入"职教轨道教学研讨群(QQ群:129327355)"获取课件。

图书在版编目(CIP)数据

电气控制及PLC应用:项目化教程 / 田国兰,刘旭东,王彩芸主编. — 北京:人民交通出版社股份有限公司,2024.1

ISBN 978-7-114-18995-1

Ⅰ.①电…　Ⅱ.①田…②刘…③王…　Ⅲ.①电气控制—教材②PLC技术—教材　Ⅳ.①TM571.2②TM571.6

中国国家版本馆CIP数据核字(2023)第180476号

职业教育·通用课程教材

Dianqi Kongzhi ji PLC Yingyong——Xiangmuhua Jiaocheng

书　　　名:	电气控制及**PLC**应用——项目化教程
著 作 者:	田国兰　刘旭东　王彩芸
责任编辑:	杨　思
责任校对:	刘　芹
责任印制:	刘高彤
出版发行:	人民交通出版社股份有限公司
地　　　址:	(100011)北京市朝阳区安定门外外馆斜街3号
网　　　址:	http://www.ccpcl.com.cn
销售电话:	(010)59757973
总 经 销:	人民交通出版社股份有限公司发行部
经　　　销:	各地新华书店
印　　　刷:	北京市密东印刷有限公司
开　　　本:	880×1230　1/16
印　　　张:	16.25
字　　　数:	435千
版　　　次:	2024年1月　第1版
印　　　次:	2024年1月　第1次印刷
书　　　号:	ISBN 978-7-114-18995-1
定　　　价:	49.00元

(有印刷、装订质量问题的图书,由本公司负责调换)

编写背景

党的二十大报告提出,推动制造业高端化、智能化、绿色化发展。在产业结构升级调整的大背景下,智能制造、信息技术等产业兴起,产业结构升级调整导致技能人才需求发生新变化,新技术、新知识、新能力对技能人才提出了更高的要求。

调研发现,在制造业智能化生产升级改造中,企业面临着巨大的技术技能人才缺口,面对智能化升级改造,企业急需低压电器与可编程逻辑控制器(programmable logic controller,PLC)控制系统维护、调试、设计、开发的高技能人才。

为满足社会发展和企业用人需求,本教材立足学生职业能力培养和职业素质养成,力求知识覆盖面广,既强调理论又偏重实践,与实际生产和应用紧密结合。

教材特色

本教材以工作任务为载体,强调学生主动参与、教师指导引领,实现教、学、做一体化的教学模式;实训内容的设计注重学生应用能力和实践能力的培养,体现了职业教育实训课程的特色。

本教材内容叙述清楚、通俗易懂,更加贴近生产实际,各个任务具有考核量化指标。教材采用理实一体化的编写风格,实训部分按实训目标、实训内容、实训指导、技能训练与成绩评定的逻辑展开,让学生在完成工作的过程中学习专业技能。

本教材图文并茂、由浅入深、案例丰富,可为学生提供丰富的编程借鉴,解决编程无从下手和设计缺乏实践经验的难题。大量的案例紧贴工程实际,让学生所学与企业所需同频共振,活页式设计便于学生边学边用,提高解决问题的能力,从而熟练应用 PLC 的编程技术。

本教材配有视频、在线精品课、在线题库等教学资源,实现纸质教材＋数字资源的有机结合,体现"互联网＋"新形态一体化教材理念。培养学生养成自主学习习惯,便于教师开展线上线下混合式教学。

学习目标

希望学习者通过该课程的学习,认识到该课程内容对相关工作的重要性及对从业人员的素质要求,掌握电气控制线路的工作原理,具备对电气控制线路识图、分析、安装、调试、故障检测的能力;掌握 PLC 工作原理及编程方法,能够根据控制要求设计 PLC 控制系统,对所设计控制系统进行调试运行,并应用于生产过程;能够应用触摸屏对现场数据进行监控与状态显示。

教材内容

根据智能制造背景下企业的发展新需求,课程内容主要包括 3 个部分(主要介绍低压电器、三菱 PLC、触摸屏的应用)、6 个项目、23 个任务。本教材以三菱 FX3U 系列 PLC 为载体,开发贴近工作岗位实际的项目,以实际应用为主线,引导学生由实践到理论再到实践,将理论知识自然地嵌入每一个实践项目,教、学、做、练紧密结合。每个项目均包括"项目描述""项目导图",由简单到复杂、由单一到综合;每个任务环环相扣、层层递进,全面培养学生的专业能力、方法能力、表达能力、检查评估能力、团队协作能力、社会能力等。

编写分工

本教材由四川铁道职业学院田国兰、刘旭东、王彩芸主编,黄小华(四川铁道职业学院)、李小英(四川铁道职业学院)、孙活(四川铁道职业学院)、慕锐典(成都地铁运营有限公司)、李尔呷(中国铁路成都局集团有限公司成都动车段)参编,由兰州石化职业技术大学童克波教授主审。

致谢

编写本教材时,编者查阅和参考了众多文献资料,在此向参考文献的作者致以诚挚的谢意。书中不妥之处敬请读者批评指正。

编　者
2023 年 8 月

数字资源索引

序号	资源名称	序号	资源名称
1	视频:常用的低压电器	14	视频:基本指令及应用
2	视频:行程开关和按钮	15	视频:PLC 书写原则及特点
3	视频:交流接触器和中间继电器	16	视频:电机连续运行案例
4	视频:热继电器	17	视频:定时器的基本知识
5	视频:时间继电器	18	视频:定时器的基本案例
6	视频:点动和自锁电路	19	视频:计数器及其应用
7	视频:电机正反转电路	20	视频:智力抢答器
8	视频:星形-三角形降压启动	21	视频:顺控指令及编程
9	视频:电机顺序启动电路	22	视频:数据传送指令及应用
10	视频:电机延时启动电路	23	视频:比较指令及应用
11	视频:PLC 的由来	24	视频:算术运算指令及应用
12	视频:PLC 的组成	25	视频:移位指令及应用
13	视频:PLC 面板的认识	26	视频:触摸屏用户界面

资源使用说明:

1.扫描封面二维码,注意每个码只可激活一次;

2.长按弹出界面的二维码关注"交通教育出版"微信公众号并自动绑定资源;

3.公众号弹出"购买成功"通知,点击"查看详情",进入后即可查看资源;

4.也可进入"交通教育出版"微信公众号,点击下方菜单"用户服务—图书增值",选择已绑定的教材进行观看。

本教材每个项目配套的在线题库也可通过上述方法进行在线练习。

本教材配套的在线精品课程可扫描下方二维码参与学习。

目录

常用的低压电器元件及典型线路

项目描述

　　低压电器是企业生产活动的基础设施,在人们日常生活中的运用也比较广泛。低压电器中有较多控制元件,在电器运行过程中起保护、控制和通断等作用,以实现对电路或者电气设备的控制。低压电器应具有较高的稳定性和可靠性。只有掌握了电气基础知识和电气线路,才能更好地进行电气控制系统的设计与维护。最常用的低压电器元件有哪些,用在什么场合,在本项目中将做详细讲述。

▶ 知识目标

1. 探究最常用的低压电器元件及其原理。
2. 归纳低压电器元件图形符号的画法及文字符号。
3. 叙述低压电器元件在电路中所起的作用。
4. 描述典型低压电气电路的工作原理。

▶ 技能目标

1. 能够说出低压电器元件的作用。
2. 能应用 CADe-SIMU 电路图仿真软件设计电路。
3. 能够识别低压电器元件的图形符号和文字符号。
4. 能够说出低压电器元件在控制中所起的作用。
5. 能识读较为复杂的低压电气原理图。

▶ 职业素养

1. 养成安全规范地使用低压电器元件的习惯。
2. 培养严谨细致、一丝不苟、实事求是的科学态度和探索精神。
3. 养成良好的自学习惯。

项目导图

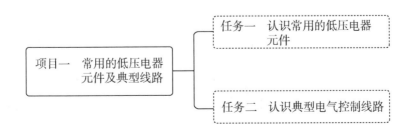

任务一 认识常用的低压电器元件

姓名：	班级：	日期：
自评学习效果：		

学习目标

▶ 知识目标
1. 归纳常用的低压电器元件。
2. 探究各低压电器元件的功能及应用场合。

▶ 能力目标
1. 能正确识别低压电器元件图形符号和文字符号。
2. 能够说出各低压电器元件的作用。

▶ 素质目标
培养自主学习新知识的能力。

工作任务

低压电器是电路中起通断、保护、控制或调节作用的电器。开关电器是用于接通或分断电路中电流的电器。开关电器的基本作用是对线路进行开合和保护。这里的保护包括过载保护和短路保护。既然是对线路实施开合和保护，那么首先就要知晓供配电线路的运行、过载和短路现象。要学好低压电器，首先要了解何谓线路过载和短路，了解不同的低压电器元件在电路中所起的作用。本任务重点学习几种常用的低压电器元件。

导学结构图

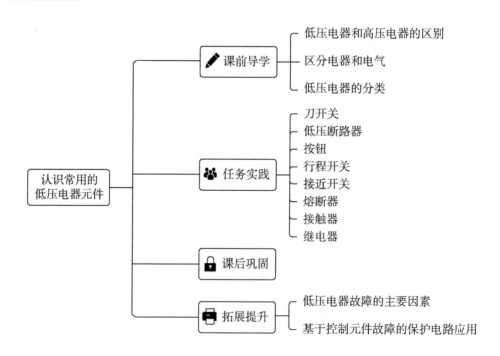

课前导学

一、低压电器和高压电器的区别

电器对电能的生产、输送、分配和使用起控制、调节、检测、转换及保护作用,电器是所有电工器械的统称。

低压电器:工作在交流电压小于1000V,直流电压小于1500V的电路中,起接通、分断、保护、控制或调节作用的电气设备。

高压电器:与低压电器相反,交流电压为1000V以上、直流电压为1500V以上的为高压电器。

二、区分电器和电气

电器是具体的物体形象,电气是不可触摸的分类概念,电气包含电器。

电器:泛指所有用电的器具。从专业角度来讲,电器主要指用于对电路接通、分断,对电路参数进行变换,以实现对电路或用电设备的控制、调节、切换、检测、保护等作用的电工装置、设备和元件。从普通民众的角度来讲,电器主要是指家庭常用的一些为生活提供便利的用电设备,如电视机、空调、冰箱、洗衣机、各种小家电等。

电气:以电能、电气设备和电气技术为手段来创造、维持与改善限定空间和环境的一门科学,涵盖电能的转换、利用和研究三方面,包括基础理论、应用技术、设施设备等。

三、低压电器的分类

低压电器的品种、规格很多,作用、构造及工作原理各不相同,因而有多种分类方法。

1. 按用途划分

低压电器按它在电路中所处的作用可分为配电电器、控制电器、执行电器、主令电器和保护电器等五大类。

视频:常用的低压电器

(1)配电电器:指正常或事故状态下接通或断开用电设备和供电电网所用的电器,如刀开关、低压断路器、熔断器等。

(2)控制电器:指对电机和生产机械进行接通、断开、控制、调节和保护电路的用电设备,如转换开关、按钮、接触器、继电器、电磁阀、热继电器、熔断器等。

(3)执行电器:用于完成某种动作或传送功能的电器,如电磁铁、电磁离合器等。

(4)主令电器:指用于发送控制指令的电器,如按钮、主令开关、行程开关、主令控制器、转换开关等。

(5)保护电器:指对电路及用电设备进行保护的电器,如熔断器、热继电器、电压继电器、电流继电器等。

2. 按操作方式划分

(1)手动电器:指通过人工操作完成任务的电器,主要有刀开关、按钮、转换开关等。

(2)自动电器:指通过软件编程让电器自动完成任务的电器,主要有低压断路器、接触器、继电器等。

3. 按电器执行功能划分

(1)有触头电器:指通断电路的执行功能由触头来实现的电器,如开关、按钮等。

(2)无触头电器:指通断电路的执行功能根据输出信号的逻辑电平来实现的电器,如传感器。

(3)混合电器:有触头和无触头结合的电器。

4.按工作原理划分

低压电器按它的工作原理可分为电磁式电器和非电量控制电器两大类。

(1)电磁式电器:由感受部分(电磁机构)和执行部分(触头系统)组成。其工作原理是,由电磁机构控制电器动作,即由感受部分接收外界输入信号,使执行部分(如交直流接触器、电磁式继电器等)动作,实现控制目的。

(2)非电量控制电器:由非电磁力控制电器触头的动作。依靠外力或非电量信号(如速度、压力、温度等)的变化而动作的电器,如转换开关、行程开关、速度传感器、压力传感器、温度传感器等。

任务实践

结合理论知识,观察学习常用的低压电器元件,进行准确分类并牢记其应用场合。

一、刀开关

1.作用

刀开关起接通电源的作用,主要分为以下三种。

(1)单刀开关:用在某一相线路上。

(2)双刀开关:用在两相电路中,如图1-1-1所示。

(3)三刀开关:用在三相电路中,如图1-1-2所示。

图1-1-1 双刀开关　　　　　　　图1-1-2 三刀开关

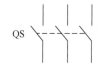

图1-1-3 刀开关的图形符号
及文字符号

2.符号

刀开关的图形符号及文字符号(QS)如图1-1-3所示。

3.刀开关选择原则

刀开关的额定电流一般应等于或大于所分断电路中各个负载额定电流的总和。

二、低压断路器

低压断路器(曾称自动开关)是一种不仅可以接通或分断正常负荷电流和过负荷电流,还可以接通或分断短路电流的开关电器。低压断路器主要在不频繁操作的低压配电线路或开关柜(箱)中作为电源开关使用,并对线路、电气设备及电机等起保护作用:当它们发生严重过电流、过载、短路、断相、漏电等故障时,能自动切断线路。

1.作用

低压断路器兼有刀开关和熔断器的作用,可实现短路、过载、失压保护。

2. 符号

低压断路器的图形符号及文字符号(QF),如图 1-1-4 所示。

图 1-1-4　低压断路器的图形符号及文字符号

3. 原理图

低压断路器的主触头靠手动操作或电动合闸。主触头闭合后,自由脱扣机构将主触头锁在合闸位置。过电流脱扣器的线圈和热脱扣器的热元件与主电路串联,欠电压脱扣器的线圈与电源并联,当电路发生短路或严重过载时,过电流脱扣器的衔铁吸合,使自由脱扣机构动作,主触头断开主电路;当电路过载时,热脱扣器的热元件发热使双金属片向上弯曲,推动自由脱扣机构动作;当电路欠电压时,欠电压脱扣器的衔铁释放,使自由脱扣机构动作。分励脱扣器则作为远距离控制用,在正常工作时,其线圈是断电的,在需要距离控制时,按下启动按钮,使线圈通电。低压断路器工作原理如图 1-1-5 所示。

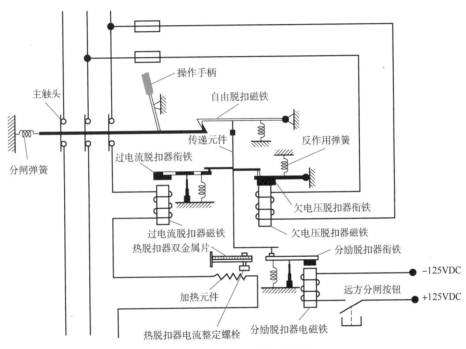

图 1-1-5　低压断路器工作原理

三、按钮

1. 作用

按钮主要用于接通或断开辅助电路、控制机械与电气设备的运行(靠手动)。

2. 组成及结构

按钮的组成及结构如图 1-1-6 所示。常闭触头又称为动断触头,即工作时断开电路。常开触头又称为动合触头,即动作时接通电路。

3. 符号

按钮的图形符号及文字符号(SB)如图 1-1-7 所示。复合按钮在一个按钮盒内装有一对常开和一对常闭触头,也有装两对常开和两对常闭触头的。工作时,常开触头闭合,常闭触头打开。

视频:行程开关和按钮

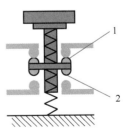

图 1-1-6　按钮的组成及结构

1-常闭触头或动断触头;

2-常开触头或动合触头

a)常闭按钮(用 于停止按钮)　　b)常开按钮(用 于启动按钮)　　c)复合按钮(用 于互锁按钮)

图 1-1-7　按钮的图形符号及文字符号

4. 按钮选择

按使用场合、作用不同,按钮帽通常做成红、绿、黑、黄、蓝、白、灰等颜色。在一般情况下,按钮的选择可以根据其功能从颜色上进行区分。

(1)"停止"和"急停"按钮为红色。

(2)"启动"按钮的颜色为绿色。

(3)"启动"与"停止"交替动作的按钮必须是黑白、白色或灰色。

(4)"点动"按钮为黑色。

(5)"复位"按钮为蓝色(如保护继电器的复位按钮)。

四、行程开关

1. 作用

行程开关(又称限位开关或位置开关),如图 1-1-8 所示。行程开关的作用与按钮相同,即对控制电路发出接通或断开、信号转换等指令。不同的是行程开关触头的动作不是靠手来完成,而是利用生产机械某些运动部件的碰撞使触头动作,从而接通或断开某些控制电路,达到一定的控制要求,如图 1-1-9 所示。行程开关主要用于自动往复控制或限位保护等。

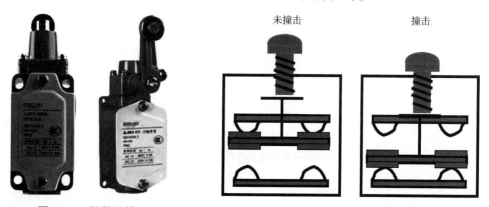

图 1-1-8　行程开关　　　　　　　　图 1-1-9　行程开关示意图

2. 符号

行程开关的图形符号及文字符号(SQ)如图 1-1-10 所示。

a)行程开关的常开触头　　b)行程开关的常闭触头　　c)行程开关的复合触头

图 1-1-10　行程开关的图形符号及文字符号(SQ)

五、接近开关

1. 作用

接近开关又称感应开关,是一种无触头的行程开关。接近开关除行程控制和限位保护外,还可检测金属体的存在、高速计数、测速、定位、变换运动方向、检测零件尺寸、控制液面及用作无触头按钮等。

2. 符号

接近开关种类繁多,如图 1-1-11 所示。其中,高频振荡型最为常用,主要由感应头、振荡器、开关电路、输出电路以及稳压电源等组成。接近开关的图形符号如图 1-1-12 所示。

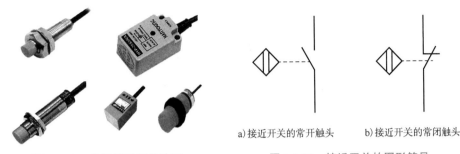

图 1-1-11　各类接近开关外形　　　　　a) 接近开关的常开触头　b) 接近开关的常闭触头

图 1-1-12　接近开关的图形符号

3. 原理

金属检测物接近感应触头,振荡器产生高频磁场,金属内部产生电涡流,吸收振荡器能量,使振荡减弱直至停止,致使开关电路动作发出信号,经功率放大后输出。接近开关工作原理如图 1-1-13 所示。

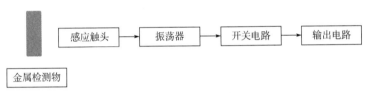

图 1-1-13　接近开关工作原理

六、熔断器

1. 作用

熔断器的主要部分是熔体,也叫保险丝,在串联电路中,熔断器主要起短路保护作用。图 1-1-14 分别为螺旋式熔断器、插式熔断器、半导体器件熔断器、RT18 圆筒形帽熔断器。

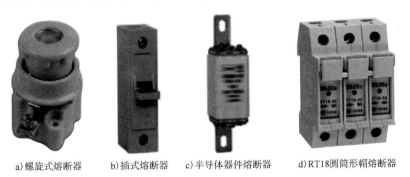

a) 螺旋式熔断器　b) 插式熔断器　c) 半导体器件熔断器　d) RT18 圆筒形帽熔断器

图 1-1-14　各种类型的熔断器

2. 符号

熔断器的图形符号及文字符号(FU)如图 1-1-15 所示。需要注意的是,熔断器与电阻画法的区别。

图 1-1-15　熔断器的图形符号及文字符号

3. 注意事项

在安装、更换熔体时,一定要切断电源,将刀开关拉开,不要带电作业,以免触电。熔体烧坏后,应换上和原来同材料、同规格的熔体,千万不要随便加粗熔体,或用不易熔断的其他金属丝去替换。

七、接触器

1.分类

接触器的种类很多,常见的接触器如图1-1-16所示。

图1-1-16 常见的接触器

视频:交流接触器和中间继电器

接触器按主触头极数可分为单极、双极、三极、四极和五极接触器。

(1)单极接触器:主要用于单相负荷,如照明负荷、焊机等,在电机能耗制动中也可采用。

(2)双极接触器:用在绕线式异步电动机的转子回路中,启动时用于短接启动绕组。

(3)三极接触器:用于三相负荷,如电机的控制及其他场合,使用广泛。

(4)四极接触器:主要用于三相四线制的照明线路,也可用来控制双回路电机负载。

(5)五极交流接触器:用来组成自耦补偿器或控制双笼形电机,以变换绕组接法。

接触器按灭弧介质可分为空气式接触器、真空式接触器等。

(1)空气式接触器是空气绝缘的接触器,用于一般负载。

(2)真空式接触器是真空绝缘的接触器,常用在煤矿、石油等企业及电压在660V和1140V等一些特殊的场合。

2.作用

接触器用于频繁地接通或断开大电流电路,具有遥控功能,同时具有欠压、失压保护的功能。接触器的主要控制对象是电机。

3.接触器的结构组成、图形符号及文字符号

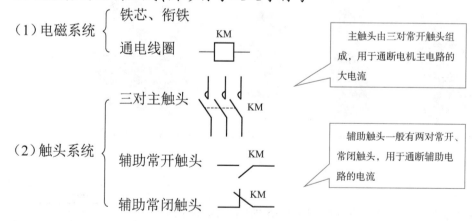

(1)电磁系统 { 铁芯、衔铁 / 通电线圈 —— KM

主触头由三对常开触头组成,用于通断电机主电路的大电流

(2)触头系统 { 三对主触头 —— KM / 辅助常开触头 —— KM / 辅助常闭触头 —— KM

辅助触头一般有两对常开、常闭触头,用于通断辅助电路的电流

(3)灭弧装置:用于迅速切断主触头断开时产生的电弧。

4.工作原理

接触器是利用电磁吸力的作用而动作的,即电生磁的工作原理。

接触器的工作原理(图 1-1-17):当线圈通电时,静铁芯产生电磁吸力,将动铁芯吸合,触头系统是与动铁芯联动的,因此动铁芯带动触片同时运行,触头(主触头、辅助触头)闭合,从而接通电源;当线圈断电时,吸力消失,动铁芯联动部分依靠弹簧的反作用力而分离,使触头(主触头、辅助触头)断开,切断电源。

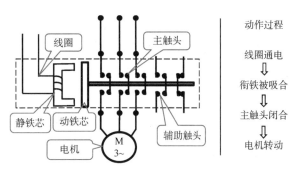

图 1-1-17 接触器的工作原理

 注意:接触器线圈得电后,主触头与辅助触头同时动作。

5.接触器标识

为便于项目选型,要学会识读接触器铭牌,以 CJX20910 为例,具体如图 1-1-18 所示。

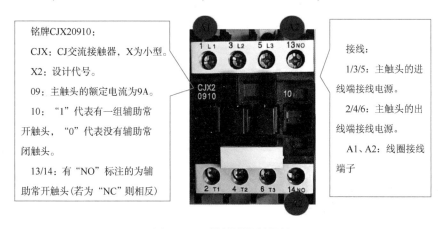

铭牌CJX20910:

CJX:CJ交流接触器,X为小型。

X2:设计代号。

09:主触头的额定电流为9A。

10:"1"代表有一组辅助常开触头,"0"代表没有辅助常闭触头。

13/14:有"NO"标注的为辅助常开触头(若为"NC"则相反)

接线:

1/3/5:主触头的进线端接线电源。

2/4/6:主触头的出线端接线电源。

A1、A2:线圈接线端子

图 1-1-18 接触器铭牌解读

6.交流接触器常用的接线方法

以交流接触器 NXC-32 为例,分别为 220V 和 380V 的接线方法,如图 1-1-19 和图 1-1-20 所示。

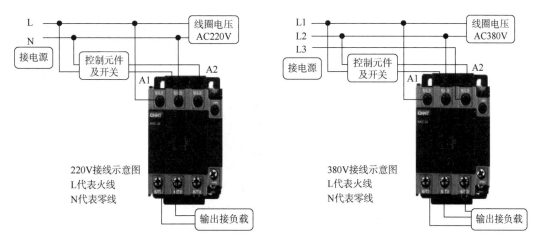

图 1-1-19 AC220V 接触器的常用接线方法　　　图 1-1-20 AC380V 接触器的常用接线方法

八、继电器

继电器的输入信号可以是电流、电压等电量,也可以是温度、速度、时间、压力等非电量,而输出通常是触头的接通或断开。继电器的文字符号的首字母一般为"K"。

1. 作用

控制、放大、联锁、保护和调节。继电器通常用于传递信号和同时控制多个电路,也可直接用它来控制小容量电机或其他电气执行元件。

2. 工作原理

继电器和接触器的结构和工作原理大致相同。

3. 常用的继电器

常用的继电器有热继电器、中间继电器、时间继电器、电流继电器、电压继电器等。

(1)热继电器

①作用

热继电器是利用电流的热效应原理切断电路,以起过载保护的电器元件。

②工作原理

发热元件接入电机主电路,若长时间过载,双金属片被加热。双金属片的下层膨胀系数增大,使其向上弯曲,杠杆被弹簧拉回,常闭触头断开,如图 1-1-21 所示。

③热继电器的结构组成

热继电器主要由热元件、传动机构(双金属片)、常闭触头、电流整定按钮和复位按钮等组成。热继电器的图形符号、文字符号(FR)及外形结构如图 1-1-22 所示。

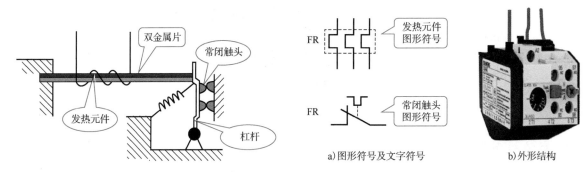

图 1-1-21 热继电器工作原理   图 1-1-22 热继电器的图形符号、文字符号及外形结构

④热继电器接线

热继电器一般接于电机的前方,对电机起过载保护作用。热继电器接线如图 1-1-23 所示。

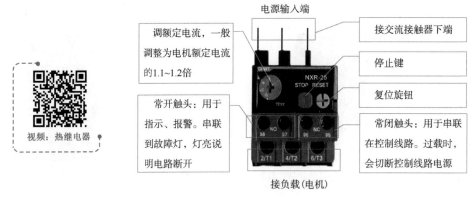

图 1-1-23 热继电器接线

⑤选用

a. 热继电器选型时,热继电器的额定电流 = (0.95 ~ 1.05)倍的电机额定电流。

b. 对于电机回路,热继电器的整定电流应等于电机的额定电流。

c. 当热继电器周围的环境温度不为 35℃时,应整定为 $[(95 - T)/60]^2$,其中,T 为环境温度。

（2）中间继电器

常用中间继电器的外形如图 1-1-24 所示,其图形符号及文字符号（KA）如图 1-1-25 所示。

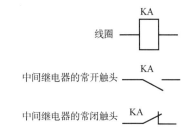

图 1-1-24 常用中间继电器的外形　　　　图 1-1-25 中间继电器的图形符号及文字符号

中间继电器是小电流控制大电流的一种自动开关,可用来增加控制触头的数量和触头的容量,也可以用来转换和传递控制信号。中间继电器的输入信号是线圈的通电断电信号,输出信号为触头的动作信号。当中间继电器电路接通电源以后,其内部就会产生电磁力,使得动铁芯吸合在一起,从而使动触头启动,进而使中间继电器的常闭触头分开,常开触头闭合。

中间继电器一般都没有配置主触头,由于自身的过载能力不大,它自身所配置的触头全部都是辅助触头,并且数量非常多。中间继电器的触头一般都只能通过较小的电流,所以中间继电器一般只能用于控制电路。图 1-1-26 所示为常用的继电器结构,图 1-1-27 是由继电器构成的切换电路,图 1-1-28 是继电器控制负载的电路。

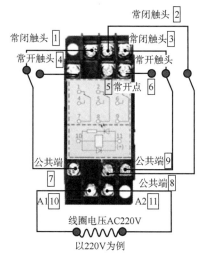

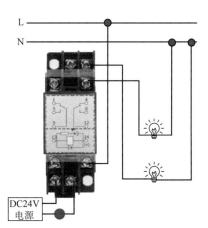

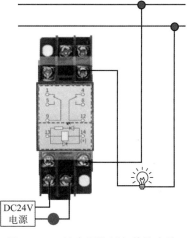

图 1-1-26 常用的继电器结构　　图 1-1-27 由继电器构成的切换电路　　图 1-1-28 继电器控制负载的电路

（3）时间继电器

时间继电器是一种利用电磁原理或机械的动作原理实现触头延时接通和断开的自动控制电器,它广泛用于需要按时间顺序进行控制的电气控制线路。时间继电器是在感受外界信号后,其执行部分需要延迟一定时间才动作的一种继电器。为满足工业控制要求,有些时间继电器还可以实现短时动作、时钟脉冲、闪烁脉冲等功能。其外形如图 1-1-29 所示。

①分类

a. 通电延时型时间继电器:指线圈通电,经过一段时间延时后,其触头才动作。

b. 断电延时型时间继电器:指线圈断电,经过一段时间延时后,其触头才动作。

②符号

时间继电器的图形符号如图 1-1-30 和图 1-1-31 所示。

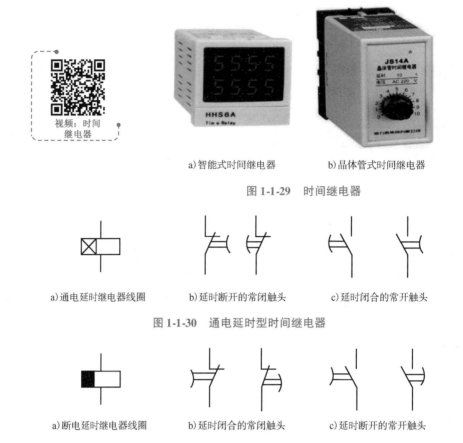

a)智能式时间继电器   b)晶体管式时间继电器

图 1-1-29　时间继电器

a)通电延时继电器线圈   b)延时断开的常闭触头   c)延时闭合的常开触头

图 1-1-30　通电延时型时间继电器

a)断电延时继电器线圈   b)延时闭合的常闭触头   c)延时断开的常开触头

图 1-1-31　断电延时型时间继电器

时间继电器遵循的原则:半圆开口方向是触头延时动作的指向,通电延时型时间继电器的触头圆弧开口统一朝右,断电延时型时间继电器的触头圆弧开口统一朝左。

提示:接触器和继电器的主要区别:

接触器:用于主电路、电流大的场合,有灭弧装置,一般只能在电压作用下工作。

继电器:用于控制电路、电流大小,没有灭弧装置,可在电量或非电量的作用下工作。

③时间继电器的作用

时间继电器是一种使用在较低的电压或较小电流的电路上,用来接通或切断较高电压、较大电流的电路的电器元件。时间继电器的种类很多,有空气阻尼型时间继电器、电动型时间继电器和电子型时间继电器等。

(4)电流继电器及电压继电器

①电流继电器(KI):主要用于电机、变压器和输电线路的过载和短路保护。

电流继电器是针对电流大小的变化来实现对外接电路控制的。电流继电器一般内阻比较小,与用电器一起串联在电路中,当电路中电流超过设定值时,继电器动作,对外接电路实现接通或断开控制(俗称过流保护)。

②电压继电器(KV):主要用于电气设备和电机的欠压、失压保护。

电压继电器是针对电压大小来实现对外接电路控制的。电压继电器一般内阻较大,与用电器并联接在电路中,当电路中的电压值低于或高于设定值时,对外接电路实现接通或断开控制(俗称欠压或过压保护)。

课后巩固

　　1. 什么是低压电器？

　　2. 常用的继电器有哪些？简述各自的作用。

　　3. 热继电器能否做短路保护？为什么？

拓展提升

一、低压电器故障的主要因素

低压电器故障的主要因素有：

　　(1) 电源的接线方式错误。在没有进行电流回路的情况下，就会出现电压不稳的问题。

　　(2) 继电保护的接线和使用不当。在用电设备中，如果负载超过了额定值，则会产生过载现象，从而导致继电器的损坏。

　　(3) 继电装置的安装不正确。当电路中的线路发生故障时，就会使其不能正常工作，造成不必要的损失。

　　(4) 导线的连接和敷设不合理。由于电线的交叉处有杂物，容易引起短路的事故；另外，由于低压电器的负荷较大而且分布比较广，所以，一旦断开了两根，便会使其相互之间的干扰加剧，进而引发跳闸的危险，等等。

二、基于控制元件故障的保护电路应用

故障保护是一种保护电路的方法，可以使电路中的电流在一定的范围内截断，从而达到保护电路的目的。而对于线路的异常情况，则需要及时采取相应的措施，以防止损坏设备。

1. 保护电路的实现

继电器保护的原理是利用电磁感应来完成的一种自动保护。当系统发生故障时，通过继电器的触头动作，使电力设备断开或切除掉故障。在低压电器的维修中，低压断路器的使用非常普遍，它可以有效地防止电器元件的损坏和事故的发生，对低压电器的安全可靠运行有重要的意义。对于低压断路器故障，如果不进行维护，就会造成大面积的停电事件，甚至会引起整个低压配电装置的瘫痪。

2. 低压电器元件的选择

对于低压电器元件来说，其主要作用就是对电压进行调节，从而实现开关的功能；同时根据电流的大小来决定电路的工作状态，进而达到保护线路和系统的目的。在选择低压电器元件的时候要考虑到以下几方面的要求：

　　(1) 在选择低压电器元件的过程中，要尽量避免使用高电平的电器元件，降低事故发生的概率。

　　(2) 在选择低压电器元件时，要保证其具有一定的抗干扰能力，并且要尽可能选用低电阻的电器元件，以降低外界因素的影响。

　　(3) 在选取低压电器元件时，应该注意导线的横截面，不要超过导线之间的间距。如果发现存在发热的情况，应立即停止生产，以免造成不必要的损失。

　　(4) 当低压电器元件发生故障时，应及时更换，以确保设备的可靠性和安全性。

3. 控制元件的实现

控制元件是电气控制系统的核心部分，它主要是由控制电压的电器元件和控制电流的电器元件组成。在低压电器中，低压断路器的作用是实现对电路的保护和调节，使系统的工作状态保持稳定，避免出现损坏设备的事故发生。

（1）在接通电源后，对断路器进行检查，看是否存在问题。如果发生断电故障，应立即切断线路，并对其进行处理。

（2）当接通电路后，对控制元件进行检测，看看有没有异常情况。如有故障，立刻断开开关，防止造成人员伤亡。

（3）当接通回路时，要注意熔丝的温度与熔丝的线头接触的时间长短，以免烧坏触头。

（4）在低压电器的运行过程中，过热可能会导致漏电的情况发生，因此要定期更换触头，以延长其使用寿命；同时要加强用电的安全管理，及时查验触头的松紧程度，确保其正常运转。

4. 电路参数设置

当电器元件的额定电流超过设定的标准值时，就会产生继电器过载，从而使电路中继电器的工作状态发生改变，所以要根据实际情况选取合适的电器元件，具体如下。

（1）当负载的功率比较大时，采用低电平有效，在正常的运行条件下，不能使用高电平的元器件。

（2）当负荷较大时，可选用高电平的电器元件，而此时的输出电压数值较小，需要考虑过载保护的问题。如果是大功率的设备或用的电源都不是很大，可选用低电平和稳压的元件；反之，若使用的电源为单台低压开关，应该选用高稳压元件。若是双路的低压线路，应当选择具有良好散热性能的电器元件。

（3）对于低压电器元件，为了保证安全，要尽量避免高温的影响，以免损坏该低压电器元件。

电器元件的故障原因是多方面的，因此必须提高低压电器维修人员的技术水平，并且对设备进行定期检查维修，以避免检修不及时而带来的安全隐患。

✎ **任务中自己发现的问题应如何解决?**

任务测评

评价内容	评价标准	分值(分)	学生互评	组长评分	教师评分
课前导学完成情况	完成质量,知识掌握情况	20			
电器图形符号绘制	绘制熟练,准确无误	10			
文字符号绘制	元件文字符号绘制准确无误	10			
用途描述	用途描述准确,无偏差、无遗漏	20			
笔记	笔记整理规范、全面	15			
安全操作规范	能够规范操作(2分),物品摆放整齐(3分)	5			
课后巩固完成情况	完成质量(10分),知识掌握情况(10分)	20			
合计		100			

任务二　认识典型电气控制线路

姓名：	班级：	日期：
自评学习效果：		

学习目标

▶ 知识目标

1. 探究各种典型电气控制线路的工作原理。

2. 了解各低压电器元件在电路中的作用。

▶ 能力目标

1. 能正确识别低压电器图形符号和文字符号。

2. 能够准确地描述典型低压电器电路的原理。

▶ 素质目标

培养自主学习新知识的能力。

工作任务

典型电气控制线路主要包括自锁电路、电机正反转控制电路、星形-三角形降压启动,以及顺序启动、逆序停止控制电路等。在实践中掌握看图经验,只要方法得当,不管什么电气原理图都可以看懂。本任务主要是看懂典型电气原理图,学会识读电气原理图的方法,了解电气原理图包含的要素。

导学结构图

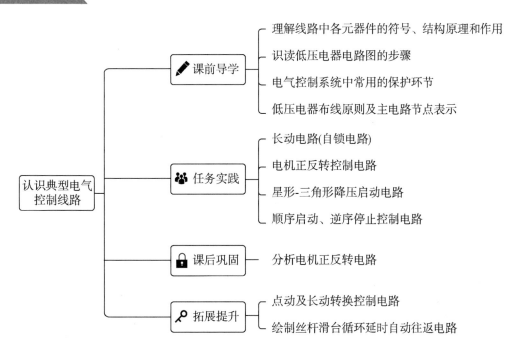

　　为了使电机能按照生产机械的要求运转,必须用一定的元件组合成控制电路,来对电机进行启动、运行、停止等控制。利用继电器、接触器、按钮等有触头的电器元件组成控制电路,是对生产机械实现控制的一种常用的简便方法,称为继电-接触器控制系统。

　　生产自动化系统的控制和维护、维修离不开电气控制原理图,电气控制原理图是用来说明电气工作原理、阐述各电器元件的功能及相互之间关系的一种表示方法,是电气控制系统安装和操作的一种简图。电气控制原理图一般由主电路、控制电路、保护、配电电路等几部分组成。读懂电气控制原理图,对分析电气控制系统、排除电气线路故障、控制程序的编写都是十分有益的,所以工作在生产第一线的技术工作人员必须读懂继电-接触器控制电路原理图。

　　在电气控制原理图中,各电器元件和部件的位置是根据便于识读的原理安排的,因此,都不是按实际位置绘制的,而是根据控制的基本原理和要求分别绘制在电路各个相应的位置,以表明各电器部位的电路联系,因此识读时要注意以下几方面。

一、理解线路中各元器件的符号、结构原理和作用

　　电气控制线路是由多个元件连接而成的,所以必须先理解单个器件的结构和作用及符号含义才方便看图。在电气控制原理图中,电机及其他电器等元件都是采用国家统一规定的图形符号和文字符号表示的(图形符号和文字符号可查阅相关手册),看到的所有电器的触头状态都是在没有通电和没有受到外力作用时的状态。

1. 明确电路的功能和作用

　　识读电气控制原理图时,首先要看主标题,了解电气控制原理图的名称及标题中有关内容,并大致浏览电气控制原理图,明确电路的功能和作用。

2. 分清主电路和控制电路

　　电气控制原理图主要分为主电路和控制电路两大部分。从电源到电机绕组的大电流通路为主电路,接触器吸引线圈的通路为控制电路。此外,电气控制原理图中还设置有电气保护措施部分和信号电路、照明电路等。

　　无论是主电路还是控制电路,各电器元件一般按动作顺序从上到下、从左到右依次排列。在电气控制原理图中,同一电器的不同部件通常不画在一起,而是画在电路的不同地方。例如,接触器的主触头通常画在主电路中,而吸引线圈和辅助触头则画在控制电路中。不同处出现相同的文字符号表示的是同一电器元件的不同部件,文字符号的后边或下标加上数字序号或其他字母是用来区分同类电器的:例如,KM1 和 KM2 分别表示两个接触器,无论在主电路、控制电路还是在其他辅助电路中出现的 KM1 都属于同一个接触器的部件,而各处出现的 KM2 则属于另一个接触器的部件。

二、识读低压电器电路图的步骤

　　识读低压电器电路图的步骤是:先识读主电路,再识读控制电路,最后识读保护、信号及照明等辅助电路,具体如下。

1. 识读主电路

　　在识读主电路时,应了解主电路有哪些用电设备,它们如何工作,怎样满足生产工艺要求及用什么保护装置,共有几台电机,是否有正反转,采用什么方法启动,有无调速和制动,有什么保护措施等。

2. 识读控制电路

控制电路主要用来控制主电路的工作也就是控制主电流的通断,它由具有电磁机构(通电形成电磁铁才能吸引线圈)的交流接触器来控制。所以读控制电路时,一般从接触器的线圈入手,先根据主电路中接触器主触头的文字符号及其下面的编号,在控制电路中去找对应的吸引线圈,按接触器动作的先后次序,自上而下、从左到右一个一个分析。当一个线圈得电后,应逐一找出它的主、辅触头分别接通或断开了哪些电路,或为哪些电路的工作做了准备,根据它们的动作条件和作用,厘清它们之间的逻辑顺序,绘出工作流程图,来了解电路的工作过程。控制电路一般都由一些基本环节组成,如总电源控制、某部分控制、先后顺序控制等,识读时可把它们分解出来分析,先局部分析,后整体分析。

3. 识读辅助电路

辅助电路主要有保护电路、信号电路、照明电路等。电路的保护有短路保护和过载保护。短路保护部分,信号电路和照明电路都是简单的单相电路,不难理解。一般采用热继电器来对电路进行过载保护,热继电的结构和工作原理与接触器相似,只要理解接触器的控制原理就能理解热继电器的工作原理。

三、电气控制系统中常用的保护环节

电气控制系统中常用的保护环节包括短路保护、过载保护、过电流保护、零电压及欠电压保护和联锁保护等。

1. 短路保护

保护元件:熔断器和断路器。

2. 过载保护

保护元件:热继电器。

3. 过电流保护

保护元件:过电流继电器。

4. 零电压及欠电压保护

保护元件:中间继电器及欠电压继电器。

5. 联锁保护

联锁保护通过两个接触器 KM1 和 KM2 互锁触头实现。

四、低压电器布线原则及主电路节点表示

1. 低压电器布线原则

(1)主电路、控制电路和信号电路应分开绘出。

(2)在电气控制原理图中,所有电器元件的图形符号和文字符号必须采用国家规定的统一标准。

(3)同一电器的各元件采用同一文字符号表示。

(4)所有电路元件的图形符号均按电器未接通电源和没有受外力作用时的原始状态绘制。

(5)主电路的电源电路一般绘制成水平线,受电的动力装置(电机)及其保护电器支路用垂直线绘制在图的左侧。

(6)在电气控制原理图中,无论是主电路还是辅助电路,各电器元件一般按动作顺序从上到

下、从左到右依次排列,可水平布置,也可垂直布置。

（7）在电气控制原理图中,两线交叉连接时的电器连接点要用黑圆点标出。

（8）为识读方便,图中自左向右或自上而下表示操作顺序,尽可能减少线条和避免线条交叉。

2. 主电路节点表示

（1）三相交流电源采用 L1、L2、L3 标记。

（2）主电路按 U、V、W 顺序标记。

（3）分级电源在 U、V、W 前加数字 1、2、3 来标记。

（4）分支电路在 U、V、W 后加数字 1、2、3 来标记。

（5）控制电路采用不多于 3 位的阿拉伯数字编号。

电气控制原理图是理解电气控制的核心,不论怎么复杂的控制系统都是从单个元件到局部环节,最后到整体来分析看图。多练习,多总结,多向别人学习,再复杂的电气控制原理图也能理解。

任务实践

一、长动电路(自锁电路)

1. 识读长动电路(自锁电路)电气控制原理图

识读图 1-2-1 所示的低压电器元件的图形符号和文字符号,并能一一写出各低压电器符号代表的名称。

视频:点动和自锁电路

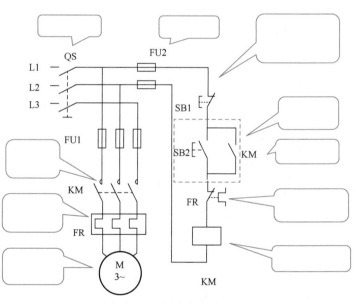

图 1-2-1　长动电路原理图

2. 原理分析

二、电机正反转控制电路

1. 识读电机正反转控制电路原理图

补全图 1-2-2 所示的电机正反转控制电路原理图所缺内容。

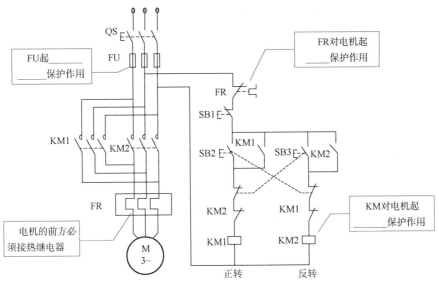

图 1-2-2 电机正反转控制电路原理图

2. 原理分析

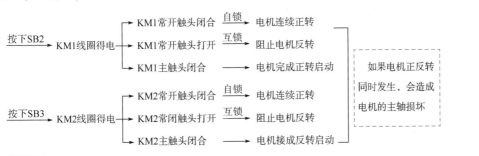

3. 为什么要进行双重互锁？

三、星形-三角形降压启动电路

1. 识读星形-三角形降压启动的电气原理图

认识图 1-2-3 所示的低压电器元件的图形符号和文字符号，并写出图上指引的低压电器的作用。

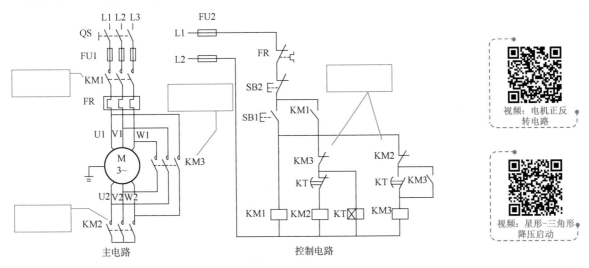

视频：电机正反转电路

视频：星形-三角形降压启动

图 1-2-3 星形-三角形降压启动控制电路原理图

2. 原理分析

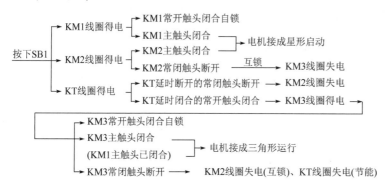

四、顺序启动、逆序停止控制电路

分析图1-2-4所示工作过程,画出工作原理流程图。

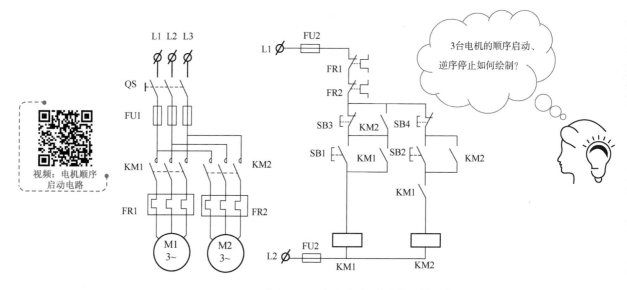

图1-2-4 顺序启动、逆序停止控制电路

课后巩固

分析电机正反转电路

（1）从图 1-2-5 中的主电路部分可知，若 KM1 和 KM2 分别闭合，则电机的定子绕组所接三相电源相同，而电机_____不同。

（2）控制电路图 1-2-6a）由相互独立的_____和_____启动控制电路组成，两者之间没有约束关系，可以分别工作。按下 SB1，_____得电工作；按下 SB2，_____得电工作；先后或同时按下 SB1、SB2，则_____与_____线圈同时工作，主触头 KM1 和 KM2 同时闭合，电机正反转同时进行，这是不允许的。

（3）把接触器的_____相互串联在对方的控制回路中，就使两者之间产生了制约关系。接触器通过_____形成的这种互相制约关系称为_____。控制电路图 1-2-6b）中，_____和_____切换的过程要经过_____，显然操作不方便。

（4）控制电路图 1-2-6c）利用_____按钮 SB2、SB3 可直接实现由正转切换成_____，反之亦然。

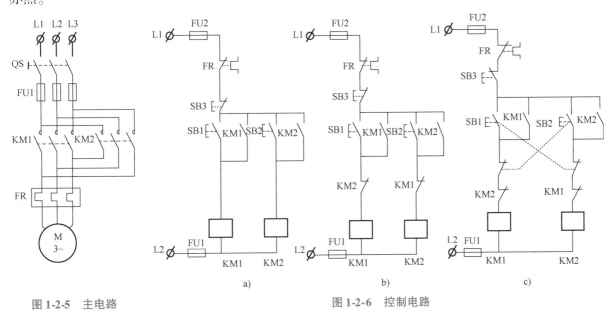

图 1-2-5　主电路　　　　　　　　　　图 1-2-6　控制电路

拓展提升

一、点动及长动转换控制电路

用途：点动及长动转换控制电路（图 1-2-7）适用于电机短时间调整的操作。

（1）复合按钮控制［图 1-2-7a）］：SB3 复合按钮的常闭触头用来切断自锁电路实现点动。

（2）转换开关控制［图 1-2-7b）］：SA 合上，有自锁电路，SB2 为长动操作按钮；SA 断开，无自锁电路，SB2 为点动操作按钮。

（3）中间继电器 KA 控制［图 1-2-7c）］：按动 SB2，KA 通电自锁，KM 线圈通电，此状态为长动；按动 SB3，KM 线圈通电，无自锁电路，为点动操作。

二、绘制丝杆滑台循环延时自动往返电路

应用 CADe-SIMU 电路图仿真软件绘制丝杆滑台循环延时自动往返电路（图 1-2-8），并梳理其工作原理。

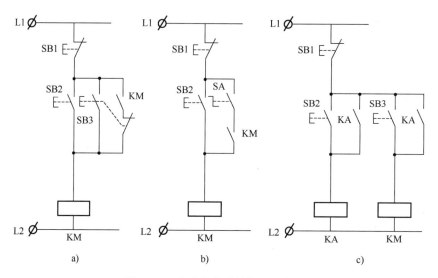

图 1-2-7   点动及长动转换控制电路

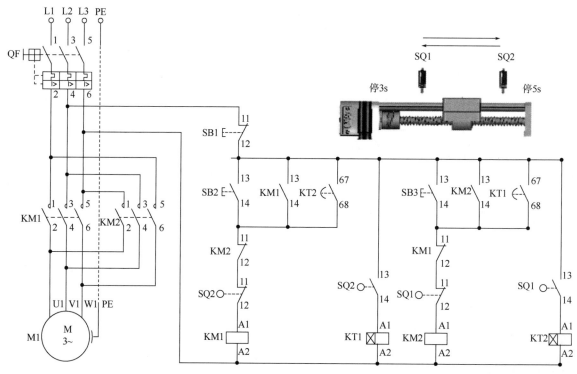

图 1-2-8   丝杆滑台循环延时自动往返电路

视频：电机延时
启动电路

梳理原理：

✎　任务中自己发现的问题应如何解决？

任务测评

评价内容	评价标准	分值(分)	学生互评	组长评分	教师评分
课前导学完成情况	完成质量,知识掌握情况	20			
电气控制原理图绘制	绘制熟练,准确无误	20			
电气控制原理图标注	元件文字符号标注准确,无误	10			
基本电路原理分析	原理描述准确,无偏差、无遗漏	20			
笔记	笔记整理规范、全面	5			
安全操作规范	能够规范操作(2分),物品摆放整齐(3分)	5			
课后巩固完成情况	完成质量(10分),知识掌握情况(10分)	20			
合计		100			

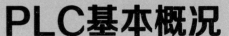

项目二
PLC基本概况

项目描述

可编程逻辑控制器(programmable logic controller,PLC)采用可编程的存储器,用于其内部存储程序、执行逻辑运算、顺序控制定时、计数与算术操作等面向用户的指令,并通过数字或模拟输入/输出(I/O)控制各种类型的机械或生产过程。PLC 在国内外广泛应用于钢铁、石化、机械制造、汽车装配、电力、轻纺、电子信息产业、人工智能等领域。目前,市场上 PLC 的品牌有很多,本项目以三菱 FX3U 系列 PLC 为例来讲述。PLC 的分类、应用场合、特点、编程语言,以及它的结构是什么样的,编程软件是怎么使用的,在本项目中将做详细讲述。

▶ 知识目标

1. 描述 PLC 的特点、硬件组成、应用场合。
2. 会区分 PLC 的不同品牌。
3. 了解 PLC 的工作原理。
4. 区分 PLC 的编程语言和编程时的注意事项。
5. 了解 FX3U 系列 PLC 内部软元件的基本情况。

▶ 技能目标

1. 能够厘清 FX3U 系列 PLC 内部软元件的用途。
2. 能够熟练操作 GX Works2、MELSEC-FX、FX-BRN-BEG-C 等软件。

▶ 职业素养

1. 培养安全规范地使用 PLC 进行程序设计的习惯。
2. 增强安全操作意识,形成严谨认真的职业、工作态度。

项目导图

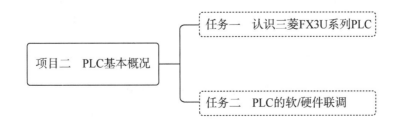

任务一 认识三菱 FX3U 系列 PLC

姓名：	班级：	日期：
自评学习效果：		

学习目标

▶ 知识目标

1. 了解 PLC 的发展历程、定义、特点、分类及发展方向。

2. 了解 PLC 的组成及工作原理。

▶ 能力目标

1. 能简述 PLC 的工作过程。

2. 能说出 PLC 的性能。

▶ 素质目标

1. 培养解决实际问题的能力。

2. 通过实际操作,培养安全意识与纪律性。

工作任务

　　PLC 最早诞生于 20 世纪 60 年代,属于比较先进的新型工业装置,是计算机与自动化两个领域的完美结合。无论在性能方面,还是在功能方面,PLC 都比传统设备更加先进,不仅应用范围广,而且发展前景广阔。PLC 出现之初,其作用主要是代替继电接触系统,随着其技术的成熟,其优势也表现得更加明显,如抗干扰性强、能够实现自诊断等,这些优势都为其进一步应用提供了契机。本任务重点是认识三菱 FX3U 系列 PLC。

导学结构图

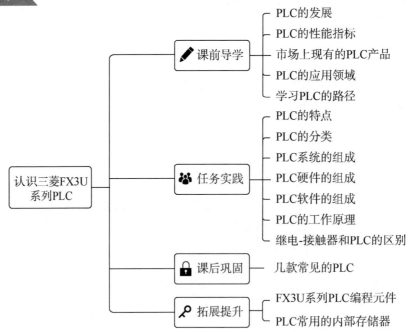

课前导学

在工业自动化三大支柱中,PLC 与机器人和计算机辅助设计/计算机辅助制造(CAD/CAM)并驾齐驱。

一、PLC 的发展

(1)1969 年,世界上第一台 PLC 问世,型号为 PDP-14。

(2)第一代:从第一台 PLC 诞生到 20 世纪 70 年代初期。其特点是:中央处理器(CPU)由中小规模集成电路组成,存储器为磁芯存储器。

(3)第二代:20 世纪 70 年代初期到 70 年代末期。其特点是:CPU 采用微处理器,存储器采用可擦除可编程只读存储器(EPROM)。

视频:PLC的由来

(4)第三代:20 世纪 70 年代末期到 80 年代中期。其特点是:CPU 采用 8 位和 16 位微处理器,有些还采用多微处理器结构,存储器采用 EPROM、电改写存储器(EAROM)、随机存取存储器(CMOS RAM)等。

(5)第四代:20 世纪 80 年代中期到 90 年代中期。CPU 全面使用 8 位、16 位微处理芯片的位片式芯片,处理速度也达到 1μs/步。

(6)第五代:20 世纪 90 年代中期至今。CPU 使用 16 位和 32 位的微处理器芯片,有的已使用精简指令集(RISC)芯片。

二、PLC 的性能指标

1. I/O 总点数

I/O 总点数是 PLC 接入信号和输出信号的总数量。PLC 的输入输出有开关量和模拟量两种。其中,开关量用最大 I/O 点数表示,模拟量用最大 I/O 通道数表示。

2. 存储器容量

存储器容量是衡量可存储用户应用程序多少的指标,通常以字节或 KB 为单位。一般的逻辑操作指令每条占 1 个字节,定时器、计数器、移位操作等指令每条占 2 个字节,而数据操作指令每条占 2~4 个字节。

3. 编程语言

编程语言是 PLC 厂家为用户设计的用于实现各种控制功能的编程工具,它有多种形式,常见的有梯形图、指令语句表、功能图、功能块图、高级语言。

4. 扫描时间

扫描时间是指执行一个扫描周期所需要的时间,一般为 10ms 左右,小型机的扫描时间可能大于 40ms。

5. 内部寄存器的种类和数量

内部寄存器的种类和数量是衡量 PLC 硬件功能的一个指标。内部寄存器主要用于存放变量的状态、中间结果、数据等,还提供大量的辅助寄存器,如定时器、计数器、移位寄存器、状态寄存器等,以便用户编程使用。

6. 通信能力

通信能力是指 PLC 与 PLC、PLC 与计算机之间的数据传送及交换能力,它是工厂自动化的基础。目前生产的 PLC 无论是小型机还是中大型机,都配有 1~2 个甚至更多数量通信端口。

7. 智能模块

智能模块是指具有自己的 CPU 和系统的模块,它作为 PLC 的中央处理器的下位机,不参与 PLC 的循环处理过程,但接受 PLC 的指挥,可独立完成某些特殊的操作,如常见的位置控制模块、温度控制模块、比例-积分-导数(proportion-integral-derivative,PID)控制模块、模糊控制模块等。

三、市场上现有的 PLC 产品

目前,世界上有 200 多个厂家生产 300 多个品种的 PLC 产品,主要应用在汽车(23%)、粮食加工(16.4%)、化学/制药(14.6%)、金属/矿山(11.5%)、纸浆/造纸(11.3%)等行业。

自 1974 年,我国开始研制 PLC,并取得了不小的进展。PLC 的主要发展趋势如下:

(1)向高速度、大存储容量方向发展,CPU 处理速度进一步加快,存储容量进一步扩大。

(2)控制系统将分散化,遵循分散控制、集中管理的原则。

(3)可靠性进一步提高。PLC 进入过程控制领域,对可靠性的要求进一步提高。硬件冗余的容错技术将进一步应用。

(4)控制与管理功能一体化。PLC 将广泛采用计算机信息处理技术、网络通信技术和图形显示技术,使 PLC 系统的生产控制功能和信息管理功能融为一体。

四、PLC 的应用领域

(1)开关量逻辑控制。
(2)模拟量闭环控制。
(3)数据量的职能控制。
(4)数据采集与监控。
(5)通信联网与集散控制。

五、学习 PLC 的路径

PLC 在生产、生活中用途非常广,特别是在自动化方面更为常用。如图 2-1-1 所示,要成为一名电气工程师主要从图中九个方面来提升 PLC 的学习能力和应用能力。

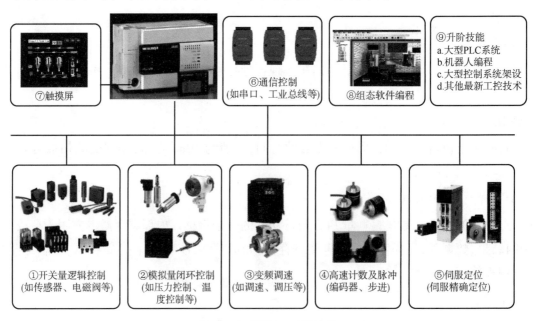

图 2-1-1　学习 PLC 的路径

任务实践

一、PLC 的特点

PLC 的五大特点见表 2-1-1。

PLC 的五大特点　　　　　　　　　　　　　　　　　　　　　　　　表 2-1-1

特点	主要体现
可靠性高,抗干扰能力强	较强的自诊断功能,F1、F2 系列平均无故障时间长达 30 万 h
编程简单,设计施工周期短	基于低压电器的控制,PLC 程序的调试与修改方便
控制程序可变,硬件配置方便	通过硬件扩充或少量地改变配置与接线,以及改变内部程序来满足控制要求
功能完善	包括逻辑控制、信号采集、输出控制、计时计数、远程输入/输出、故障自诊断、通信联网、实时通信和冗余备份等功能
体积小、质量轻、功耗低	如 FX3U48MR,外形尺寸 182mm×96mm×80mm,质量 600g 左右,功耗小于 50W

PLC 抗干扰能力强主要体现在以下两个方面。

1. 硬件方面

(1) I/O 通道采用光电隔离,有效地抑制了外部干扰对 PLC 的影响。

(2) 在设计中采用滤波器等电路增强 PLC 对电噪声、电源波动、振动、电磁波等的抗干扰能力,确保 PLC 在高温、高湿及空气中存在各种强腐蚀物质粒子的恶劣工业环境下稳定工作。

(3) 对于 CPU 等重要部件,采用具有良好的导电、导磁性能的材料进行屏蔽,减少电磁干扰。

(4) 停电时,后备锂电池会正常工作,保证数据不丢失。

2. 软件方面

(1) 通过软件数字滤波来提高有用信号的真实性。

(2) 当系统受到大幅度的随机干扰时,可以采用程序限幅法和算术平均法进行处理。

(3) 系统软件定期检测外界环境变化,如掉电、欠电压、锂电池电压过低及强干扰信号等,以便及时反映和处理。

二、PLC 的分类

PLC 有三种分类方式,即 I/O 点数、结构、功能,见表 2-1-2。

PLC 的分类方式　　　　　　　　　　　　　　　　　　　　　　　　表 2-1-2

I/O 点数	结构	功能
小型系列 PLC(<256 点)	整体式 PLC	低档 PLC
中型系列 PLC(256 点≤点数≤2048 点)	模块式 PLC	中档 PLC
大型系列 PLC(>2048 点)	紧凑式 PLC	高档 PLC

1. 按 I/O 点数分类

(1) 小型系列 PLC:一般为整体式结构,I/O 点数小于 256 点(384 点),程序容量为 1 ~ 3.6KB,多用于单机控制,如 FX1S、FX1N、FX2N、FX3U、FX3G 整体化 PLC。

(2) 中型系列 PLC:一般为模块式结构或紧凑式结构,256 点≤点数≤2048 点,程序容量为 3.6 ~ 13KB,用于较大规模控制,如 L02CPU、L26CPU 等。

(3) 大型系列 PLC:一般为模块式结构或紧凑式结构,I/O 点数大于 2048 点,程序容量大于 13KB,运算速度快、网络功能强,满足大型控制系统要求,如 QnA 系列 PLC 的 Q3ACPU、Q4ACPU 等。

2．按结构分类

（1）整体式PLC：把PLC各组成部分（CPU、存储器、I/O单元）安装在一起或少数几块印刷在电路板上，并连同电源一起装在机壳内形成一个单一的整体，称为主机或基本单元。小型系列PLC、超小型系列PLC都采用这种结构。

（2）模块式PLC：把PLC各基本组成元件做成独立的模块。中型系列PLC、大型系列PLC采用这种方式，便于维修。

（3）紧凑式PLC：介于整体式PLC和模块式PLC之间的结构。

3．按功能分类

（1）低档PLC：用于开关量控制、逻辑控制、顺序控制、定时/计数控制及少量模拟量控制的场合。

（2）中档PLC：用于既有开关量又有模拟量的较为复杂的控制系统，如过程量控制、位置控制等。

（3）高档PLC：用于大规模过程控制或构成分布式网络控制系统，实现整个工厂自动化。

三、PLC系统的组成

FX3U系列PLC系统的组成如图2-1-2所示。PLC系统由基本单元、扩展单元、扩展模块、特殊功能模块四部分组成。其中，基本单元是构成PLC系统的核心部件，其他三部分根据实际控制需要增减。PLC系统组成一览表见表2-1-3。

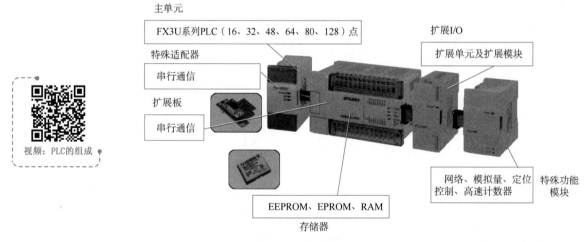

图 2-1-2　FX3U 系列 PLC 系统的组成

PLC 系统组成一览表　　　　　　　　　　表 2-1-3

组成	基本单元	扩展单元	扩展模块	特殊功能模块
区分	内设 CPU、存储器、I/O 和电源等，是 PLC 的主要部分，可独立工作	扩展单元内设电源，用于扩展 I/O 点数	扩展模块用于增加 I/O 点数和 I/O 点数比例，内无电源，由基本单元和扩展单元供电	特殊功能单元是一些特殊用途的装置，如模拟量模块、CPU 模块

四、PLC硬件的组成

PLC硬件主要由CPU、存储器（RAM、ROM）、I/O接口、电源和编程器等几部分组成，如图2-1-3所示。

1. CPU

（1）CPU 的组成

CPU一般由控制器、运算器和寄存器组成，这些电路集成在一块芯片上。CPU通过数据总线、地址总线控制总线与存储单元、I/O接口电路相连。

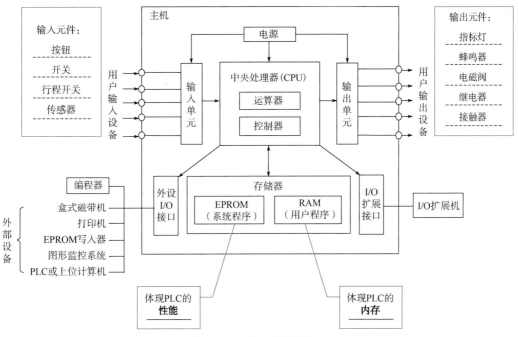

图 2-1-3　基本单元的组成

（2）CPU 的作用

①诊断 PLC 电源、内部电路的工作状态及编制程序中的语法错误。

②采集现场的状态或数据,并送入 PLC 的寄存器。

③逐条读取指令,完成各种运算和操作。

④将处理结果送至输出端。

⑤响应各种外部设备的工作请求。

2. 存储器

存储器是 PLC 存放系统程序(EPROM)、用户程序(RAM)和运行数据的地方。三菱 FX3U 系列 PLC 存储器包括系统程序存储器和用户程序存储器。

系统程序存储器(ROM):用于存放系统管理程序、监控程序及系统内部数据,PLC 出厂前已将其固化在只读存储器 ROM 或 PROM 中,用户不能更改。

用户程序存储器(RAM):包括用户程序存储区和工作数据存储区。用户程序存储器(RAM)掉电会丢失存储的内容,一般用锂电池来保持。

 注意:PLC 产品手册中给出的"存储器类型"和"程序容量"是就用户程序存储器而言的。

3. I/O 接口

由于现场信号的类别不同,为适应控制的需要,PLC 的 I/O 接口具有不同的类别。I/O 接口有开关量 I/O 接口、模拟量 I/O 接口、智能 I/O 接口。

（1）开关量 I/O 接口

①开关量 I/O 接口采用光电耦合电路,将按钮、限位开关、手动开关、编码器、传感器等现场输入设备的控制信号转换成 CPU 所能接收和处理的数字信号。

注意:FX3U 的输入端接 NPN 型传感器/开关时,S/S(公共接地端)端口与 24V 端口连接;接 PNP 型传感器/开关时,S/S 端口与 0V 端口连接。

②开关量输出接口采用光电耦合电路,将 CPU 处理过的信号转换成现场需要的强电信号输出,以驱动指示灯、蜂鸣器、接触器、继电器、电磁阀等外部设备的通断电。开关量输出接口电路有三种输出类型,如图 2-1-4 所示。

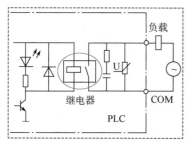 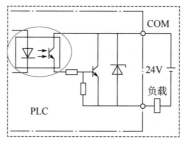 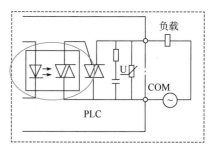

a)继电器输出驱动交流和直流负载　　b)晶体管输出驱动直流负载　　c)双向晶闸管输出驱动交流负载

图 2-1-4　PLC 开关量输出接口类型

继电器输出型(R):图 2-1-4a)为有触点输出方式,用于接通或断开开关频率较低的直流负载(DC30V 以下)或交流负载(AC240V 以下)回路。

晶闸管输出型(S):图 2-1-4b)为无触点输出方式,用于接通或断开开关频率较高的直流电源负载。

双向晶闸管输出型(T):图 2-1-4c)为无触点输出方式,用于接通或断开开关频率较高的交流电源负载。

(2)模拟量 I/O 接口

①模拟量输入接口

模拟量输入接口把现场连续变化的模拟量标准信号,转换成适合 PLC 内部处理的由若干位二进制数字表示的标准的模拟量信号。一般电流信号是 4 ~ 20mA,电压信号是 1 ~ 10V。

②模拟量输出接口

模拟量输出接口将 PLC 运算处理的若干位数字量信号转换为相应的模拟量信号输出,以满足生产过程现场连续控制的要求。

(3)智能 I/O 接口

智能 I/O 接口自带 CPU,有专门的处理能力,与主 CPU 配合共同完成控制任务,可减轻主 CPU 工作负担,又可提高系统的工作效率。

4. 电源

PLC 的电源是指将外部输入的交流电处理后转换成满足 PLC 的 CPU、存储器、I/O 接口等内部电路工作需要的直流电源电路或电源模块(一般转换成 24V 的直流电)。许多 PLC 的直流电源采用直流开关稳压电源,它不仅可提供多路独立的电压供内部电路使用,而且可为输入设备(传感器)提供标准电源。输出端的接线,内部是无源接点,本身不带电源,输出端需要外接电源。

5. 编程器

编程器是 PLC 的重要外围设备。编程器将用户程序送入 PLC 的存储器,还可以检查程序,修改程序,监视 PLC 的工作状态。编程器常见装置有手持式编程器和计算机编程装置。

五、PLC 软件的组成

1. 系统监控程序

系统监控程序是由 PLC 的生产厂家编制的,用于控制 PLC 的运行,包括管理程序、用户指令解释程序、标准程序模块和系统调用三个部分。

2. 用户程序

用户程序又称用户软件、应用软件等,是 PLC 的使用者编制的针对控制问题的程序,即录入至 PLC 内部的编程语言。其中,梯形图、指令语句表、功能图这三种语言是初学者必须掌握的编程语言。

六、PLC 的工作原理

PLC 通过循环扫描输入端口的状态,执行用户程序,实现控制任务。CPU 在每个扫描周期的开始扫描输入模块的信号状态,并将其状态送入输入映像寄存器区域,然后根据用户程序中的程序指令来处理输入信号,并将处理结果送入输出映像寄存器区域,在每个扫描周期结束时,送入输出模块。

PLC 在开机后完成内部处理、通信处理、输入采样、程序执行、输出刷新五个工作阶段,称为一个扫描周期。完成一次扫描后,PLC 又重新执行上述过程,PLC 这种周而复始的循环工作方式称为循环扫描工作方式。

 注意:扫描周期长短的因素(一般执行 1K 的程序需要 1~10ms 的时间):CPU 执行指令的速度、执行每条指令占用的时间、程序中指令条数的多少。

在一个扫描周期内 PLC 工作过程分为以下三个阶段,如图 2-1-5 所示。

(1)输入采样:PLC 把所有外部输入电路的通/断(on/off)状态读入输入映像寄存器。

(2)程序执行:在没有跳转指令时,CPU 从第一条指令开始,由左往右、由上往下,逐条顺序执行用户程序,直到用户程序结束处,并根据指令的要求执行相应的逻辑运算,运算的结果写入对应的元件映像寄存器区域。

(3)输出刷新:所有程序执行完毕后,CPU 将输出映像寄存器"0"/"1"状态传送到输出映像寄存器,从而改变输出端子的通/断状态。

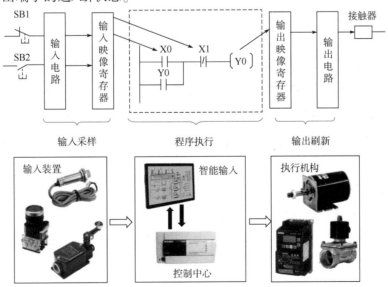

图 2-1-5　PLC 的工作过程

七、继电-接触器和 PLC 的区别

PLC 是在继电-接触器的基础上发展起来的,与它有一定的联系,表2-1-4 从组成器件、工作方式、控制电路实施方式、元件触点数量四个方面进行比较。

区别比较表　　　　　表 2-1-4

名称	区别			
	组成器件方面	工作方式方面	控制电路实施方式方面	元件触点数量方面
继电-接触器	继电-接触器控制线路由各种真正的硬件继电器组成,硬件继电器触点易磨损	控制电路工作时,电路中硬件继电器都处于受控状态,凡符合吸合条件的硬件继电器都处于吸合状态,受各种制约条件不应吸合的硬件继电器都同时处于断开状态,属于"并行"的工作方式	依靠硬线接线来实施控制功能,其控制功能通常是不变的,当需要改变控制功能时必须重新接线	继电-接触器控制线路的硬件触点数量是有限的,一般只有 4～8 对
PLC	PLC 梯形图由许多所谓软继电器组成。软继电器实质上是存储器中的每一位触发器,可以置"0"或置"1",而软继电器则无磨损现象	PLC 梯形图中各软继电器都处于周期循环扫描工作状态,受同一条件制约的各个软继电器的线圈工作和它的触点的动作并不同时发生,属于"串行"的工作方式	PLC 控制电路是采用软件编程来实现控制,可做在线修改,控制功能可根据实际要求灵活实施	PLC 梯形图中软继电器的触点数量无限制,在编程时可无限次使用

课后巩固

几款常见的 PLC

目前市场上应用较为广泛的几款三菱 PLC 介绍如下:

(1)FX1S 系列:一种集成型小型单元式 PLC,具有完整的性能和通信功能等扩展性。如果考虑安装空间和成本,FX1S 系列 PLC 是一种理想的选择。

(2)FX1N 系列:三菱电机推出的功能强大的普及型 PLC,具有扩展 I/O、模拟量控制和连接功能等扩展性,是广泛应用于一般的顺序控制的三菱 PLC。

(3)FX2N 系列:三菱 PLC FX 家族中先进的系列,为工厂自动化应用提供最大的灵活性和控制能力。

(4)FX3U 系列:三菱 FX3U-48MR/ES-A 型 PLC 是三菱第三代小型 PLC,可称得上小型至尊产品,是速度快、容量大、性能好、功能多的新型、高性能机器,具有业内高水平的高速处理能力,内置定位功能得到大幅提升。

控制规模:24 点输入,24 点输出;可扩展到 128 点。自带两路输入电位器,8000 步存储容量,并且可以连接多种扩展模块、特殊功能模块。晶体管型主机单元能同时输出 2 点 100kHz 脉冲,并且配备 7 条特殊的定位指令,包括零返回、绝对或相对地址表达方式及特殊脉冲输出控制。可安装显示模块 FX1N-5DM,能监控和编辑定时器、计数器和数据寄存器。网络和数据通信功能:支持 232、485、422 通信。

(5)FX5U 系列:以基本性能的提升、与驱动产品的连接、软件环境的改善为亮点,是 FX3U 系列的升级产品,与 FX3U 系列相比,FX5U 系列小而精,系统总线速度大幅提升了 150 倍,最大可扩展 16 块智能扩展模块,内置 2 入 1 出模拟量功能,内置以太网接口及 4 轴 200kHz 高速定位功能。

拓展提升

PLC 的内部系统配置是指 PLC 的各种功能的软继电器。每个软继电器都有确切的编号,编号

由 PLC 的机型决定。不同厂家、不同系列的 PLC 其继电器的编号是不同的,编程时要查阅 PLC 的使用说明书。本教材以 FX3U 系列为例介绍 PLC 的内部系统配置。

一、FX3U 系列 PLC 编程元件

(1)PLC 编程元件的物理实质是电子电路及存储器,称为软继电器。

(2)PLC 编程元件和继电-接触器的区别。

PLC 是继承了继电-接触器的优点发展起来的,它们的相同点和不同点见表 2-1-5 所示。

PLC 编程元件和继电-接触器的相同点和不同点　　　　　　　表 2-1-5

相同点		1. 都具有线圈、常开触点、常闭触点。 2. 状态随着线圈的状态而变化,即当线圈通电时,常开触点闭合,常闭触点断开;当线圈失电时,常闭触点接通,常开触点断开
不同点	PLC 编程元件	1. 有无数多个常开、常闭触点。 2. 集成电路,不存在机械故障,使用寿命长
	继电-接触器元件	元件数量有限,存在机械故障,且使用寿命短

PLC 编程元件一览表见表 2-1-6,其中 X、Y 是两个对外的存储器(需要外部接线),其余几个存储器参与内部逻辑运算。

PLC 编程元件一览表　　　　　　　　　　表 2-1-6

编程元件	编号	编程元件	编号	编程元件	编号
输入继电器	X	辅助继电器	M	变址寄存器	V/Z
输出继电器	Y	状态寄存器	S	常数	K/H
定时器	T	数据寄存器	D	指针	P/I
计数器	C				

二、PLC 常用的内部存储器

1. 辅助继电器:M

在逻辑运算中经常需要一些中间继电器作为辅助运算元件。这些元件不直接对外输入、输出,但经常用于状态暂存、移动运算等,它的数量通常比软元件 X、Y 多,这就是辅助继电器。辅助继电器的常开和常闭触点使用次数不限,在 PLC 内可以自由使用。PLC 辅助继电器一览表见表 2-1-7。

PLC 辅助继电器一览表　　　　　　　　表 2-1-7

分类	范围		解释
通用型辅助继电器	M0 ~ M499		通用型辅助继电器相当于中间继电器,用于存储运算中间的临时数据,它与外部不存在任何联系,只供内部编程使用。它的内部常开/常闭触点使用次数不受限制
保持型辅助继电器	M500 ~ M7679		PLC 在运行中若突然停电,通用型辅助继电器和输出继电器全部变为断开状态,而保持型辅助继电器在 PLC 停电时,依靠 PLC 后备锂电池进行供电,以保持停电前的状态
特殊辅助继电器	M8000 ~ M8255	只能利用触点的特殊辅助继电器	M8000:运行监控特殊辅助继电器。 M8002:初始脉冲特殊辅助继电器。 M8011、M8012、M8013、M8014:分别对应产生 10ms、100ms、1000ms、1min 时钟脉冲的特殊辅助继电器
		只能驱动线圈的特殊辅助继电器	M8200 ~ M8234:分别对应 C200 ~ C234 的 32 位双向计数器为增或为减的特殊辅助继电器。 M8033:PLC 停止时输出保持特殊辅助继电器。 M8034:禁止输出特殊辅助继电器。 M8039:定时扫描特殊辅助继电器

2. 状态寄存器:S

状态寄存器是构成状态转移图的重要软元件,它与后续的步进梯形指令配合使用,在项目四任务一中将详细讲解。

3. 数据寄存器:D

在进行 I/O 处理、模拟量控制、位置控制时,需要许多数据寄存器存储数据和参数。数据寄存器为 16 位,最高位为符号位。可用两个数据寄存器合并起来存放 32 位数据,最高位仍为符号位。具体应用见项目五。

数据寄存器分成下面几类。

(1)通用数据寄存器 D0 ~ D199 共 200 点

一旦在数据寄存器中写入数据,只要不再写入其他数据,就不会变化。但是当 PLC 由运行状态到停止或断电状态时,该类数据寄存器的数据被清除为 0。当特殊辅助继电器 M8033 置 1,PLC 由运行转向停止时,数据可以保持。

(2)断电保持/锁存寄存器 D200 ~ D7999 共 7800 点

断电保持/锁存寄存器有断电保持功能,PLC 从运行状态进入停止状态时,断电保持寄存器的值保持不变。利用参数设定,可改变断电保持的数据寄存器的范围。

(3)特殊数据寄存器 D8000 ~ D8255 共 256 点

特殊数据寄存器供监视 PLC 中器件运行方式使用,其内容在电源接通时,写入初始值(先全部清 0,然后由系统 ROM 安排写入初始值)。例如,D8000 所存的警戒监视时钟的时间由系统 ROM 设定。若有改变,用传送指令将目的时间送入 D8000。该值在 PLC 由运行状态到停止状态保持不变。未定义的特殊数据寄存器,用户不能用。

(4)文件数据寄存器 D1000 ~ D7999 共 7000 点

文件数据寄存器以 500 点为一个单位,可被外部设备存取。文件数据寄存器实际上被设置为 PLC 的参数区。文件数据寄存器与锁存寄存器是重叠的,可保证数据不会丢失。FX3U 系列的文件数据寄存器可通过 BMOV(块传送)指令改写。

4. 变址寄存器:V/Z

变址寄存器除了和普通的数据寄存器有相同的使用方法外,还常用于修改器件的地址编号。V、Z 都是 16 位的变址寄存器,可进行数据的读写。当进行 32 位操作时,将 V、Z 合并使用,指定 Z 为低位。具体应用见项目五的任务一。

5. 常数:K/H

常数也作为器件对待,它在存储器中占有一定的空间。K 是表示十进制整数的符号,主要用来指定定时器或计数器的设定值及应用功能指令操作数中的数值;H 是表示十六进制数的符号,主要用来表示应用功能指令的操作数值。例如,20 用十进制表示为 K20,用十六进制则表示为 H14。

6. 指针(P/I)

(1)分支指令用 P0 ~ P62、P64 ~ P127 共 127 点。

指针 P0 ~ P62、P64 ~ P127 为标号,用来指定条件跳转,子程序调用等分支指令的跳转目标。P63 为结束跳转用。

(2)中断用指针。

I0□□ ~ I8□□共 9 点为中断指针,格式表示如下:

①输入中断 I△0□。

□=0 表示为下降沿中断;□=1 表示为上升沿中断。△表示输入号,取值范围为 0 ~ 5,每个输入只能用一次。

例如,I001 为输入 X0 从 off 到 on 变化时,执行由该指令作为标号后面的中断程序,并根据 IRET 指令返回。

②定时器中断 I△□□。

△表示定时器中断号,取值范围为 6~8,每个定时器只能用 1 次。

□表示定时时间,取值范围为 10~99ms。

例如,I710,即每隔 10ms 就执行标号为 I710 后面的中断程序,并根据 IRET 指令返回。

✎ **任务中自己发现的问题应如何解决?**

任务测评

评价内容	评价标准	分值(分)	学生互评	组长评分	教师评分
课前导学完成情况	完成质量,知识掌握情况	20			
概念、定义的描述	描述准确,无偏差、无遗漏	10			
原理描述	元件文字符号准确无误	15			
原理图绘制	绘制准确、规范、整洁	20			
笔记	笔记整理规范、全面	15			
课后巩固完成情况	完成质量(10 分),知识掌握情况(10 分)	20			
合计		100			

任务二 PLC 的软/硬件联调

姓名:	班级:	日期:
自评学习效果:		

学习目标

▶ 知识目标

1. 探究 PLC 型号、指示灯的工作情况及代表的含义。

2. 掌握 I/O 端口的分布及接线方法、输入/输出继电器的工作情况。

3. 掌握软件界面及软/硬件联调的操作方法。

▶ 能力目标

1. 能根据 PLC 铭牌读出其具体参数。

2. 能根据各指示灯的工作状态判断 PLC 的工作情况。

3. 能独立进行软/硬件联调,并能总结操作细则。

▶ 素质目标

1. 增强对陌生事物的探究意识。

2. 增强利用网络资源搜索 PLC 相关信息的意识。

工作任务

　　三菱 FX3U 结合了 FX1N 和 FX2N 的优点,具有很强的运算、定位和扩展能力。它和原来 FX 系列 PLC 的硬件不一样的就是输入端口的 S/S(公共接地端) 端口。PLC 面板由哪几部分组成,各部分代表什么作用,PLC 的软件和硬件通过什么联系,PLC 怎么工作,本任务将做详细介绍。

导学结构图

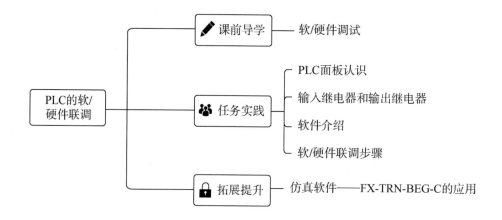

课前导学

目前,三菱 FX2N PLC 逐渐被三菱 FX3U 系列 PLC 所替代,本教材着重介绍 FX3U 系列 PLC。

软/硬件调试

调试分为模拟调试和联机调试。在软件设计完成后一般做模拟调试。模拟调试可以通过仿真软件来代替 PLC 硬件,在计算机上调试程序。若有 PLC 硬件,可以用小开关和按钮模拟 PLC 的实际输入信号,再通过输出模块上的输出位对应的指示灯,观察输出信号是否满足设计要求。若需要模拟信号 I/O,可用电位器和万用表配合进行调试。

硬件模拟调试主要是对控制柜或操作台的接线进行测试,可在控制柜或操作台的接线端子上模拟 PLC 外部数字输入信号或者操作按钮指令开关,观察对应 PLC 输入点的状态。

在联机调试时,把编制好的程序下载到现场的 PLC 中,调试时,主电路一定要断电,只对控制电路进行现场联机调试。联机调试时,还会发现新的问题或需要对某些控制功能进行改进。

如果软/硬件调试均没问题,就可以进行整体调试了。

任务实践

视频:PLC面板的认识

一、PLC 面板认识

在教师的引导下,操作 PLC 并观察现象,完成下列任务。

1. 补全图 2-2-1 所示 PLC 的各部分名称

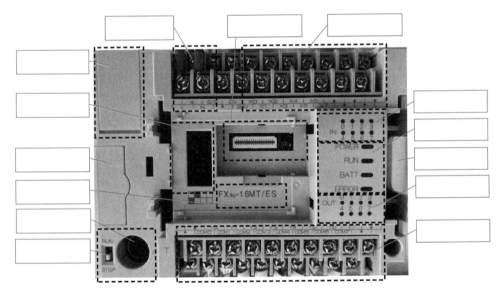

图 2-2-1　PLC 面板介绍

三菱 FX3U 和 FX2N 系列的 PLC 硬件不一样的就是输入端的 S/S 端口,在 FX2N 系列的 PLC 中我们输入的输入公共端口已经和内部 24V 电源负极接在了一起,所以我们的输入只能是低电平有效。这一点对开关没什么影响,但是遇到了传感器就有影响了。传感器分为两种:一种是源型(PNP 型,高电平有效),另一种是漏型(NPN 型,低电平有效)。FX2N 系列的 PLC 因为输入公共端已经在电源内部接到了电源负极且无法更改,所以输入时低电平有效,当遇到传感器我们只能接漏型,源型无法使用。但在 FX3U 系列的 PLC 中输入端的 COM 由 S/S 口替代了。S/S 具体来说就是 PLC 设备输入端口,定义为源型或者漏型的选择。如果 S/S 端接 +24V,则 X 输入接 0 电位为有输入信号,为漏型接法,也就是 NPN 型传感器接法;反之如果 S/S 端接 0V,则 X 输入端 +24V 为有输入信号,为源型接法,也就是 PNP 型传感器接法。具体端口可对照图 2-2-2。

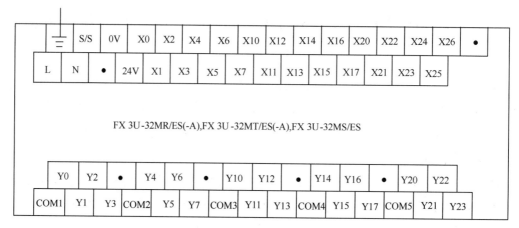

图 2-2-2　三菱 FX 系列 PLC 接线端口示意图

提示:输入公共端(FX3U 系列为 S/S)只有一个,输出公共端(COM 端)分为三类:1 对 1、4 对 1、8 对 1。

2. 解读图 2-2-3 中 PLC 的型号

I/O 点数:三菱 FX 系列 PLC 点数 16～256 点。

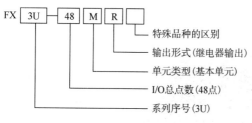

图 2-2-3　三菱 PLC 的型号

特殊品种的区别
输出形式(继电器输出)
单元类型(基本单元)
I/O总点数(48点)
系列序号(3U)

单元类型:

M——基本单元(可以独立工作);

E——输入/输出混合扩展单元及扩展模块;

EX——输入专用扩展模块(无输出);

EY——输出专用扩展模块(无输入);

EYR——继电器输出专用扩展模块;

EYT——晶体管输出专用扩展模块。

输出形式:

R/ES——AC 电源/继电器输出;

R/DS——DC 电源/继电器输出;

T/ES——AC 电源/晶体管(漏型)输出;

T/DS——DC 电源/晶体管(漏型)输出;

T/ESS——AC 电源/晶体管(源型)输出。

特殊品种区别:

D——DC 电源,DC 输入;

A——AC 电源,AC 输入;

H——大电流输出扩展模块;

V——立式端子排的扩展模块;

C——接插口 I/O 方式;

F——输入滤波器为 1ms 的扩展模块;

L——晶体管-晶体管逻辑(TTL)输入型扩展模块。

S——独立端子(无公共端)扩展模块。

3.观察状态指示灯

PLC面板状态指示灯一览表见表2-2-1,根据实际操作记录这4种状态指示灯的颜色。

指示灯	名称及含义	观察运行时指示灯的颜色
POWER	电源指示灯	
RUN	运行指示灯	
BATT	内部锂电池电压过低指示灯	
ERROR	程序出错指示灯	

4.模式转换开关与通信接口

(1)模式转换开关与通信接口的作用

模式转换开关用于改变PLC的工作模式(RUN和STOP)。

通信接口用于连接手持式编程器或计算机,保证其与两者通信。一般用RS232或RS485通信线连接。

(2)模式转换开关执行运行与停止的命令

运行的情况:只有PLC运行时,才能打到RUN的模式。

停止的情况:程序录入、内存清除、程序传输(写入或读出)时,打到STOP的模式。

5.电源接口、输入接口及输入指示灯

(1)三菱PLC输入端子是否需要额外提供电源?(□是□否)

(2)三菱PLC输入端子对应继电器的表示方法:_____。

(3)三菱PLC输入端子的脚标编号采用_____进制进行编号。

(4)PLC输入端子所接的外部信号有_____、_____、_____、_____等。

(5)PLC每一个输入端子对应_____个(一个或多个)输入继电器。

(6)PLC输入继电器既有线圈又有触点,且触点可以使用无数次。(□正确□错误)

(7)PLC加小黑点的端子是否可以运用?(□是□否)

(8)读图2-2-4并理解输入端子及对应的输入继电器之间的关系。

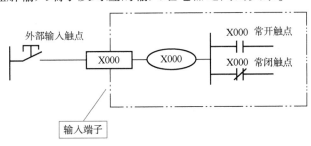

图2-2-4 PLC输入端口原理图解

(9)闭合输入端口的开关,观察对应的输入指示灯的变化,说明了什么问题?

6.输出端子及输出指示灯

(1)三菱PLC输出端子是否需要额外提供电源?(□是□否)

(2)三菱PLC输出端子对应的继电器表示方法:_____。

（3）三菱 PLC 输出端子的角标编号采用_____进制编号。

（4）输出端子所驱动的外部信号有_____、_____、_____、_____、_____。

（5）实训室三菱 PLC 的输出端子所对应的 COM 端有_____个,简述其作用。

（6）PLC 每一个输出端子对应_____个输出继电器。

（7）PLC 输出继电器线圈由_____(程序或外部信号)来驱动。

（8）PLC 输出继电器既有线圈又有触点,且触点可以使用无数次。(□正确□错误)

（9）讨论并描述图 2-2-5 的原理。

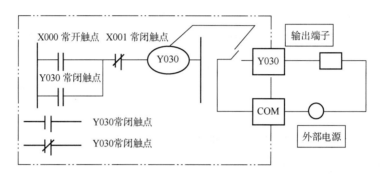

图 2-2-5　PLC 输出端口原理图解

二、输入继电器和输出继电器

1. 输入继电器

输入继电器(X)通过外部接线与外部输入信号形成封闭回路,如图 2-2-6 所示。输入继电器的主要特点如下:

（1）PLC 输入接口的一个接线点对应一个输入继电器。

（2）输入继电器只能由机外信号驱动,不能用指令驱动。

（3）在程序中绝对不可能出现输入继电器的线圈,只能出现输入继电器的触点。

（4）每个输入继电器的常开触点与常闭触点均可无数次使用。

（5）FX 系列 PLC 的输入继电器采用八进制(无 X8、X9、X18……)地址编号,最多可达 256 点。

（6）三菱 FX 系列 PLC 输入端口不需要额外提供电源,有 PLC 内部提供的 24V 电源。

（7）基本单元输入继电器的编号是固定的,扩展单元和扩展模块从与基本单元最靠近开始,按顺序进行编号。

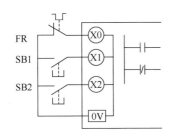

输入继电器的编号如下：

X000~X007、X010~X017、

X020~X027、X030~X037、

X040~X047、X050~X057······

图 2-2-6　输入端口与外部输入信号形成回路

2. 输出继电器

输出继电器(Y)通过外部接线与外部输出信号形成封闭回路,如图 2-2-7 所示。输出继电器的主要特点如下:

(1)PLC 输出接口的一个接线点对应一个输出继电器。

(2)输出继电器的线圈只能由程序驱动,每个输出继电器在输出单元中都对应一个常开触点,在程序中供编程的输出继电器,不管是常开触点还是常闭触点,都可以无数次使用。

(3)输出继电器的地址编号也是八进制(无 Y8、Y9、Y18······),最多达 256 点。

(4)三菱 FX 系列 PLC 输出端口根据所驱动元件所需的电压类型和电压等级提供相对应的电源。

(5)基本单元输出继电器的编号是固定的,扩展单元和扩展模块从与基本单元最靠近开始,按顺序进行编号。

输出继电器的编号如下：

Y000~Y007、Y010~Y017、

Y020~Y027、Y030~Y037、

Y040~Y047、Y050~Y057······

图 2-2-7　输出端口与外部信号形成回路

三、软件介绍

目前,三菱编程软件有三个版本:GX Develop、GX Works2、GX Works3。其中,GX Develop 和 GX Works2 是适用大部分常用三菱 PLC 型号的编程软件,包括 FX 系列、L 系列、Q 系列。GX Develop 没有自带仿真功能,如果需要仿真功能,需要单独安装;GX Works2 在安装软件的时候就包含了仿真功能,不需要单独安装。

GX Works3 是三菱公司针对新推出的 PLC 系列重新开发的一个软件,其缺点是并不包含常用的一些 FX 系列、L 系列、Q 系列这些 PLC 型号,也就是说它只适用于新的 PLC 型号。软件本身也是自带仿真功能的。

需要注意的是在安装这几个软件的时候,都要注意电脑的系统是 32 位还是 64 位。如果用一些常见的 PLC 型号,建议直接安装 GX Works2 版本,因其自带仿真功能,使用比较方便。

下面主要介绍 GX Works2。

1. GX Works2 软件界面介绍

三菱 GX Works2 是专门用于三菱系列 PLC 的编程软件,该软件有简单工程和结构工程两种编程方式,支持梯形图(LAD)、指令语句表(STL)、顺序功能图(SFC)、结构文本(ST)、功能块(FBD)等编程语言,并且内部集成了仿真软件,可以实现程序的虚拟仿真与调试。GX Works2 软件界面介绍如图 2-2-8 所示。

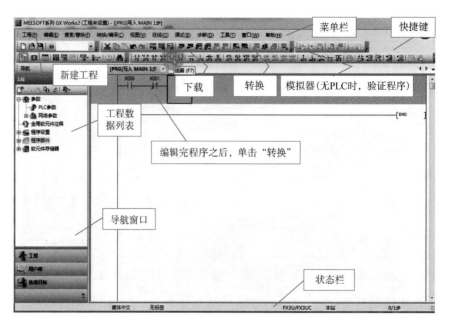

图 2-2-8 GX Works2 软件界面介绍

提示:在三菱 PLC 编程软件中,编程元件符号对应的字母标识中数字编号采用三位有效数字表示,即手绘梯形图中的标识字母"X0"在编程软件中默认为"X000","X2"在编程软件中默认为"X002","Y7"在编程软件中默认为"Y007"。

2. 程序录入

按照给定梯形图(图 2-2-9 和图 2-2-10),分别录入程序。两次调试时,不改变 PLC 的外部接线,分别操作 X2 和 X3 对应的外部输入元件,观察 PLC 运行情况。

程序一:

图 2-2-9 梯形图(一)

程序二:

图 2-2-10 梯形图(二)

四、软/硬件联调步骤

软/硬件联调步骤如下：

（1）硬件接线。按照 SB1 对应 X2，SB2 对应 X3，指示灯对应 Y1 进行接线。

（2）运行软件。运行已安装好的软件，双击图 2-2-11 所示的图标。

（3）创建新工程。新建工程，如图 2-2-12 所示。

（4）机型选择。在软件中选择机型，一定要与外部硬件连接的机型一致，否则无法正常传输信息，如图 2-2-12 所示。

图 2-2-11　软件图标　　　　图 2-2-12　创建新工程选择机型

（5）录入程序。

（6）程序转换（灰色变白色）。

（7）清除内存。

（8）下载（写入）程序至 PLC。将写好的程序下载到 PLC，选择"在线"下拉菜单中的"PLC 写入"。若将 PLC 内部的程序上传至电脑，选择"在线"下拉菜单中的"PLC 读取"。在"PLC 读取"或"PLC 写入"之前，先要进行目标连接，如图 2-2-13 所示。

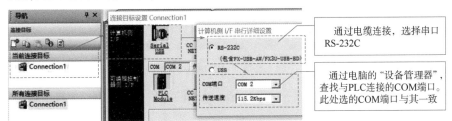

图 2-2-13　目标连接操作

（9）打开监控。养成良好的习惯，下载成功后，就开始监控。

　　注意：监控模式下无法修改程序。

（10）软/硬件调试。操作 SB1、SB2，观察图 2-2-9 和图 2-2-10 两个程序段输出端口对应指示灯的变化情况有何不同。

拓展提升

仿真软件——FX-TRN-BEG-C 的应用

1. 界面认识

仿真软件——FX-TRN-BEG-C 的界面如图 2-2-14 所示。

2. 操作步骤

（1）双击桌面图标 FX-TRN-BEG-C 。

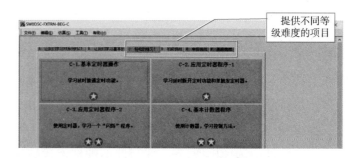

图 2-2-14　仿真软件界面

（2）单击进入操作项目。单击图 2-2-15 上方的项目栏,进入对应的项目。

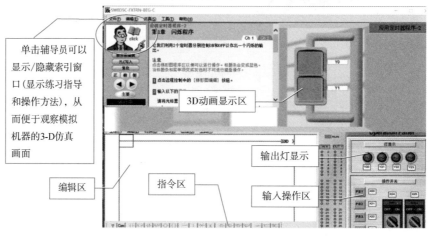

图 2-2-15　进入操作项目

（3）如图 2-2-16 所示,以初级挑战——D4 不同尺寸的部件分拣为例,操作步骤如下:

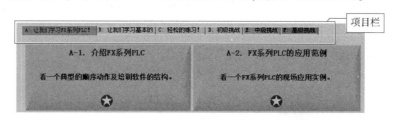

图 2-2-16　仿真软件操作步骤

①解读项目控制要求。

②单击进入梯形图编辑。

③在编辑区进行梯形图编辑。

④单击"转换"。

⑤单击"PLC写入",验证程序。

若程序编写过程出现错误,或需要重新编写时,单击"梯形图编辑",修改程序。

(4)进入新项目。若进入新项目,如图2-2-17所示,单击"主要"回到主页面,选择下一个项目。

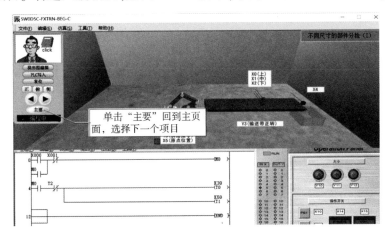

图 2-2-17 进入新项目

✎ **任务中自己发现的问题应如何解决?**

任务测评

评价内容	评价标准	分值(分)	学生互评	组长评分	教师评分
课前导学完成情况	完成质量,知识掌握情况	20			
外部接线	按照电气控制原理图接线	10			
I/O地址分配	I/O地址分配正确、合理	5			
录入程序	能够完成简单控制要求	15			
程序调试与运行	程序录入正确(5分),符合控制要求(10分)	15			
处理故障能力	具有创新意识(5分),能排除故障(5分)	10			
安全操作规范	能够规范操作(2分),物品摆放整齐(3分)	5			
拓展提升完成情况	完成质量(10分),知识掌握情况(10分)	20			
合计		100			

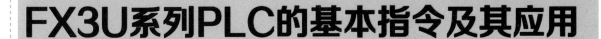

FX3U系列PLC的基本指令及其应用

项目描述

三菱 PLC 一般有上百条或者百余条指令,通常分为基本指令和应用指令。基本指令是逻辑控制指令,一般含触点及线圈、定时器、计数器等指令,是使用频率最高的指令,也是初学者必须掌握的指令。本项目主要讲述基本指令的应用,基本指令有 20 多个,如 LD、LDI、AND、ANI、OR、ORI、OUT 等。学会基本指令的使用是学好编程的基础。基本指令具体如何使用呢? 接下来我们就来学习。

▶ 知识目标

1. 掌握梯形图编程的基本规则,进一步理解 PLC 的工作原理。

2. 掌握 FX 系列 PLC 的基本指令及其使用方法。

3. 熟悉 I/O 元件、辅助继电器、定时器、计数器等应用方法。

4. 熟练使用继电器移植法和经验法设计 PLC 控制系统的基本方法、步骤。

5. 掌握梯形图程序和指令语句表程序的编辑、装载、仿真及在线调试方法。

▶ 技能目标

1. 能够合理地分配 PLC 的 I/O 端口,并绘制 I/O 分配表。

2. 能用继电器移植法设计出基本电路控制梯形图。

3. 能用经验法设计简单的 PLC 控制系统。

4. 能灵活运用梯形图、指令语句表编程语言编程,并完成联机调试。

▶ 职业素养

1. 培养动手操作和解决实际问题的能力。

2. 培养信息处理能力、数字应用的能力及创新能力。

项目导图

任务一 基本指令的编程方法及其应用

姓名：	班级：	日期：
自评学习效果：		

学习目标

▶ 知识目标

1. 掌握 LD、LDI、OUT,AND、ANI,OR、ORI,SET、RST,PLS、PLF 等指令的含义,操作元件及应用。

2. 掌握梯形图和指令语句表的相互转换。

3. 掌握 PLC 控制系统设计的基本内容。

▶ 能力目标

1. 能进行梯形图简化处理。

2. 能将基本的电气控制原理图转换成梯形图。

3. 能进行简单程序的编写与设计。

▶ 素质目标

1. 培养互相合作的能力。

2. 增强利用网络资源学习有关三菱 PLC 知识的意识。

工作任务

PLC 是专门为工业环境应用而设计制造的数字运算操作电子系统。修改控制程序即可实现不同的生产加工工艺,而且 PLC 完全克服了继电控制系统可靠性低、通用性差的缺点。本任务通过介绍相关基本指令,让学生熟悉 PLC 的基本编程方法,应用所学内容进行简单程序编写并调试。

导学结构图

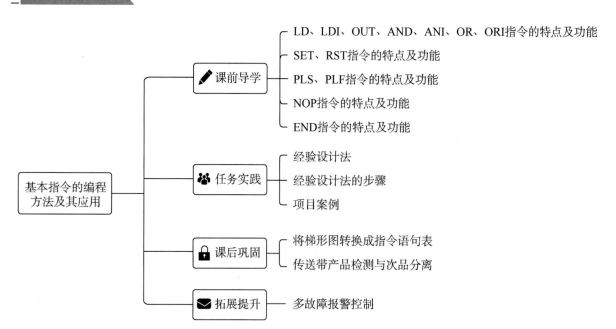

- 基本指令的编程方法及其应用
  - ✏ 课前导学
    - LD、LDI、OUT、AND、ANI、OR、ORI指令的特点及功能
    - SET、RST指令的特点及功能
    - PLS、PLF指令的特点及功能
    - NOP指令的特点及功能
    - END指令的特点及功能
  - 👥 任务实践
    - 经验设计法
    - 经验设计法的步骤
    - 项目案例
  - 🔒 课后巩固
    - 将梯形图转换成指令语句表
    - 传送带产品检测与次品分离
  - ✉ 拓展提升
    - 多故障报警控制

课前导学

基本指令是 PLC 最基本的编程语言,各种型号的 PLC 的基本逻辑指令大同小异。本任务重点学习基本指令的含义、操作元件、功能及应用。

一、LD、LDI、OUT、AND、ANI、OR、ORI 指令的特点及功能

LD、LDI、OUT、AND、ANI、OR、ORI 指令一览表见表 3-1-1。

LD、LDI、OUT、AND、ANI、OR、ORI 指令一览表   表 3-1-1

名称	助记符	梯形图	操作元件	功能
取指令	LD		X、Y、M、S、C、T	与左母线相连的常开触点
取反指令	LDI		X、Y、M、S、C、T	与左母线相连的常闭触点
驱动指令	OUT		Y、M、S、C、T 输入继电器(X)不能使用	驱动一个线圈,一个逻辑行的结束
与指令	AND	X1 X2 (Y4)	X、Y、M、S、C、T	常开触点串联连接
与反指令	ANI	X1 X2 (Y4)	X、Y、M、S、C、T	常闭触点串联连接
或指令	OR	X1 X2 (Y4) X3	X、Y、M、S、C、T	常开触点并联连接
或非指令	ORI	X1 X2 (Y4) X3	X、Y、M、S、C、T	常闭触点并联连接

1. 各指令的特点及功能

(1)LD、LDI 指令用于将触点接到左母线上;与 ANB 指令(后文有介绍)组合,在分支起点处使用。

(2)OUT 指令是 Y、M、S、C、T 继电器线圈的驱动指令,输入继电器(X)不能使用。

(3)并列输出时,OUT 指令可多次使用。

(4)对于定时器的定时线圈或计数器的计数线圈,在 OUT 指令后必须给出设定常数 K,或用指定数据寄存器的地址号间接给出设定值。

(5)AND、ANI 指令用于 1 个触点的串联连接,串联触点数没有限制且可多次使用。两个以上触点并联(并联电路块)与其他电路串联连接时,则采用 ANB 指

视频:基本指令及应用

令(后文有介绍)。

(6)OR、ORI指令用于1个触点的并联连接,并联触点数没有限制且可多次使用。两个以上触点串联(串联电路块)与其他电路并联时,则采用ORB指令(后文有介绍)。

(7)指令占用的程序步数不必强记,可由下一指令与上一指令标号差值算出。

2. 各指令的应用实例

梯形图转换成指令语句表,遵循"从上到下,从左到右"的转换原则。

(1)LD、LDI、OUT指令的应用如图3-1-1所示。对于并联线圈的个数无限制,所以OUT指令可使用任意次。

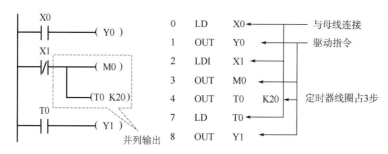

图3-1-1 LD、LDI、OUT指令的应用

(2)AND、ANI指令的应用如图3-1-2所示。

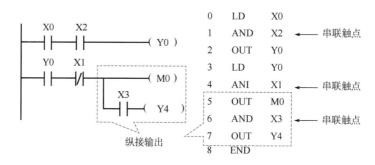

图3-1-2 AND、ANI指令的应用

在逻辑指令中,OUT指令后,通过触点对其他线圈使用OUT指令称为纵接输出,连续输出也可重复使用。

(3)OR、ORI指令的应用如图3-1-3所示。

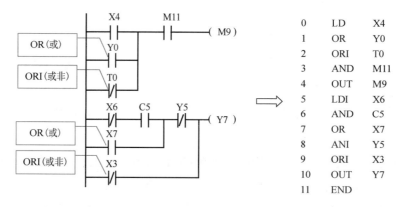

图3-1-3 OR、ORI指令的应用

二、SET、RST指令的特点及功能

SET、RST指令一览表如表3-1-2所示。当X1常开触点接通时,Y4变为on状态并一直保持该

状态,即使 X1 断开,Y4 的 on 状态仍维持不变;只有当 X2 的常开触点闭合时,Y4 才变为 off 状态并保持,即使 X2 常开触点断开,Y4 也仍为 off 状态。SET、RST 指令的具体特点和功能如下:

（1）只要 SET Y4 被执行一次,Y4 就一直保持接通,直至用 RST Y4 对 Y4 复位。

（2）对同一元件可多次使用 SET、RST 指令,最后执行的指令才有效。

（3）要使数据寄存器 D,变址寄存器 V/Z 的内容清零,也可用 RST 指令。

（4）积算型定时器、计数器当前值的复位和触点复位也可使用 RST 指令。

SET、RST 指令一览表　　　　　　　　　　　表 3-1-2

指令	助记符	梯形图	操作元件	功能
置位指令	SET	X1 —┤├— [SET　Y4]	Y、M、S	被操作的元件接通并保持
复位指令	RST	X2 —┤├— [RST　Y4]　　SET/RST必须成对使用	Y、M、S、C、T	被操作的元件断开并保持

三、PLS、PLF 指令的特点及功能

PLS、PLF 指令一览表见表 3-1-3。表中的 Y4 仅在 X1 的常开触点由断开变为接通（X1 的上升沿）时的一个扫描周期内为 on 状态,M1 仅在 X2 的常开触点由接通变为断开（X2 的下降沿）时的一个扫描周期内为 on 状态。另外,注意 PLS、PLF 指令不是成对使用。PLS、PLF 指令的具体特点和功能如下:

（1）上升沿是指开关由断开到闭合的一瞬间,下降沿是指开关由闭合到断开的一瞬间,这一瞬间就是一个脉冲。

（2）脉冲上升沿的图形符号为 ——┤↑├——,脉冲下降沿的图形符号为 ——┤↓├—— 。

（3）使用 PLS 指令,元件 Y、M 仅在驱动输入接通后的一个扫描周期内动作。

（4）使用 PLF 指令,元件 Y、M 仅在驱动输入断开后的一个扫描周期内动作。

PLS、PLF 指令一览表　　　　　　　　　　　表 3-1-3

名称	助记符	梯形图	操作元件	功能
上升沿微分指令	PLS	X1 —┤├— [PLS　Y4]　　指令占2步	Y、M,除特殊辅助继电器	在输入信号的上升沿时产生一个周期的脉冲输出
下降沿微分指令	PLF	X2 —┤├— [PLF　M1]　　指令占2步	Y、M,除特殊辅助继电器	在输入信号的下降沿时产生一个周期的脉冲输出

案例一:停止操作保护和接触器的故障处理

1. 控制要求

在某些特定的工业场合下,接触器卡阻不能吸合,接触器触点熔焊,按钮按下但不能启动等故障不再是小概率事件。为了避免接触器不吸合、电机启动按钮不弹起以致停止按钮失效带来的不良后果,需要通过一定的 PLC 程序对停止操作做出保护,或者给予设备维护人员以不同形式的声光报警等提示,以便于设备维护人员进行相应的处理。本案例要求通过一定的 PLC 程序完成对停止

操作的保护,并在接触器不吸合时进行报警。

2. 停止操作保护和接触器的故障处理I/O端口配置表

停止操作保护和接触器的故障处理I/O端口配置表见表3-1-4。

停止操作保护和接触器的故障处理I/O端口配置表　　　　　　　表3-1-4

输入		输出	
输入设备	输入继电器	输出设备	输出继电器
电机启动按钮 SB1	X000	电机(接触器)	Y000
电机停止按钮 SB2	X001	报警蜂鸣器	Y001
接触器辅助触点	X002		

3. 程序设计

采用以下两种方法设计程序:

(1)采用沿脉冲指令设计程序(图3-1-4)。

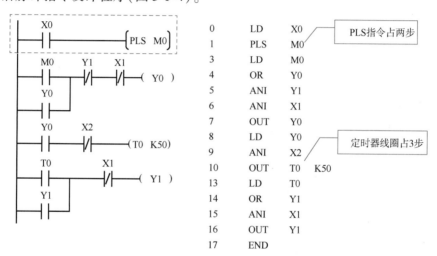

图 3-1-4　沿脉冲指令设计程序

(2)采用沿脉冲图形符号设计程序(图3-1-5)。

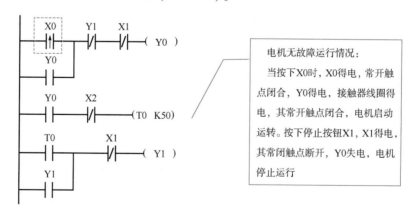

图 3-1-5　沿脉冲图形符号设计程序

4. 程序说明

(1)电机无故障

当按下 X0 时,X0 的常开触点闭合,Y0 线圈得电,电机启动运转。按下停止按钮 X1,X1 的常闭触点断开,Y0 线圈失电,电机停止运行。

（2）启动按钮不能正常弹起的故障

按下停止按钮 X1，X1 的常闭触点断开，Y0 线圈失电，自锁解除，电机停转。

若 X0 为普通常开触点，松开停止按钮 X1，X1 状态为 off，X1 常闭触点闭合，因启动按钮不能正常弹起，X0 状态始终为 on，电机重新启动。

本例分析 X0 为上升沿触发，松开停止按钮 X1，X1 状态为 off，X1 常闭触点闭合。当 X0 为上升沿触发触点且启动按钮不能正常弹起时，X0 上升沿触发处为断开状态，电机不会重新启动，仍然处于停转状态。

这样就通过程序（将启动按钮 X0 常开触点用上升沿触发来代替）避免了特殊情况（启动按钮不能正常弹起）下停止按钮失效（按下停止按钮并松开后电机重新自启动）问题。

（3）接触器不能正常吸合的故障

若接触器 Y0 已经得电，而接触器未正常吸合，则其辅助触点同样不能闭合，X2 常闭触点闭合，且 Y0 常开触点闭合，定时器 T0 开始计时，5s 后 T0 常开触点闭合，Y1 得电，报警蜂鸣器启动（并自锁），提醒设备维护人员进行处理。

按下停止按钮 X1 时，Y0 失电，Y1 失电，报警器停止，设备维护人员可进行后续维护检修等工作。

案例二：PLF 指令的应用——某车库卷帘门控制系统

1. 控制要求

某车库卷帘门控制系统如图 3-1-6 所示。用钥匙开关选择大门三个控制方式：停止、自动、手动。在停止位置时，不能对大门进行控制；在手动位置时，用按钮进行开门和关门控制；在自动位置时，可由汽车驾驶员控制，当汽车到达大门前时，由驾驶员发出超声波编码，如编码正确，超声波开关输出逻辑信号，通过 PLC 控制大门开启。当光电开关检测到有车辆进入大门时，红外线被挡住，输出逻辑信号"1"；当车辆进入大门后，红外线不受遮挡，输出逻辑信号"0"，关闭大门。

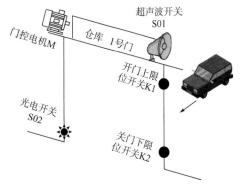

图 3-1-6 某车库卷帘门控制系统

2. 某车库卷帘门控制系统 I/O 端口配置表

某车库卷帘门控制系统 I/O 端口配置表见表 3-1-5。

某车库卷帘门控制系统 I/O 端口配置表　　　　　表 3-1-5

输入		输出	
输入设备	输入继电器	输出设备	输出继电器
手动控制方式开关	X0	正转接触器（开门）KM1	Y0
自动控制方式开关	X1	反转接触器（关门）KM2	Y1
手动控制开门按钮	X2		
手动控制关门按钮	X3		
开门上限位开关 K1	X4		
关门下限位开关 K2	X5		
超声波开关 S01	X6		
光电开关 S02	X7		

3.程序设计

注意:当车辆完全通过时,信号有效,应用脉冲下降沿,即 X7 的信号消失的一瞬间,接通一个扫描周期。门控系统梯形图如图 3-1-7 所示。

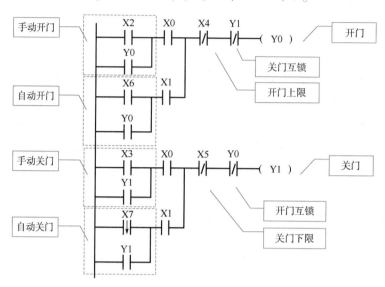

图 3-1-7　门控系统梯形图

四、NOP 指令的特点及功能

NOP 全称 no operation,意思就是无操作即空操作指令(表 3-1-6),其具体特点和功能如下:

(1)NOP 为空操作指令,该指令是一条无动作、无目标元件,占一个程序步的指令。

(2)NOP 指令使该步序做空操作。

(3)用 NOP 指令替代已写入指令,可以改变电路。

(4)在程序中加入 NOP 指令,在改动或追加程序时可以减少步序号的改变。

(5)执行完清除用户存储器的操作后,用户存储器的内容全部变为空操作指令。

NOP 指令一览表　表 3-1-6

名称	助记符	操作元件	功能	程序步
空操作指令	NOP	无操作元件	无动作	1

五、END 指令的特点及功能

END 指令一览表见表 3-1-7。其具体特点和功能如下:

(1)END 是一条无目标元件,占一个程序步的指令。

(2)PLC 反复进行输入处理、程序运算、输出处理,若在程序最后写入 END 指令,则 END 以后的程序步就不再执行,直接进行输出处理。

(3)在程序调试过程中,按段插入 END 指令,可以顺序扩大对各程序段动作的检查。

(4)采用 END 指令将程序划分为若干段,在确认处于前面电路块的动作正确无误之后,依次删去 END 指令。

END 指令一览表　表 3-1-7

名称	助记符	操作元件	功能	程序步
结束指令	END	无操作元件	输入输出处理回到第0步	1

一、经验设计法

经验设计方法也叫作试凑法,采用该法需要设计者掌握大量的典型电路,并且在掌握这些典型电路的基础上,充分理解实际的控制问题,将实际控制问题分解成典型控制电路,然后用典型电路或修改的典型电路拼凑梯形图。

二、经验设计法的步骤

(1)准确了解控制要求,合理分配控制系统信号的I/O接口(图),并画出I/O分配表。

(2)对较简单的控制要求,可直接根据它的控制条件,依启保停电路的编程方法完成相应输出控制的编程;对控制条件较复杂的输出控制,借助辅助继电器M来编程。

(3)对复杂系统的控制,应正确分析控制要求,确定各输出信号的关键控制点。若是以空间位置为主的控制,其关键点是引起输出信号状态改变的位置点;若是以时间为主的控制,其关键点是引起输出信号状态改变的时间点。

三、项目案例

案例一:某工厂自动消防泵控制系统

某工厂自动消防泵控制系统,当烟雾信号传感器发出报警信号后,该系统可以自动启动消防泵,以供工人和消防人员取用水源。同时在正常消防泵以外,设置一组备用消防泵,当正常设备出现故障时,启动备用装置应急。案例示意如图3-1-8所示。

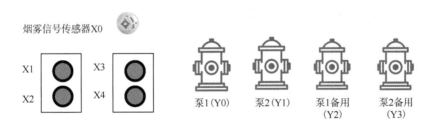

图3-1-8　某工厂自动消防泵控制系统示意图

控制要求:自动消防泵简易控制系统,若正常消防泵没有损坏,当烟雾报警器发出报警信号时,1号、2号消防泵接通,自行持续启动,提供高压水源。若长时间工作或出现其他情况导致电路过热,则1号、2号消防泵热继电器起作用,两台消防泵均被关闭。当1号消防泵无法启动时,1号备用消防泵启动。当2号消防泵无法启动时,2号备用消防泵启动。要关闭正常消防泵时,需要在烟雾信号消失后,按下各自的停止按钮。对于备用消防泵,当烟雾信号消失时或正常消防泵可以工作时,自动关闭。

第一步:梳理题意,写出某工厂自动消防泵控制系统I/O端口配置表。

某工厂自动消防泵控制系统I/O端口配置表见表3-1-8。

表 3-1-8

某工厂自动消防泵控制系统 I/O 端口配置表

输入		输出	
输入设备	输入继电器	输出设备	输出继电器
烟雾信号传感器	X0	1号消防泵接触电器	Y0
1号消防泵停止按钮	X1	2号消防泵接触电器	Y1

输入		输出	
输入设备	输入继电器	输出设备	输出继电器
2 号消防泵停止按钮	X2	1 号消防泵备用接触电器	Y2
1 号消防泵热继电器	X3	2 号消防泵备用接触电器	Y3
2 号消防泵热继电器	X4		

第二步:PLC 外部接线图。

根据题意要求,绘制对应的 PLC 外部接线图如图 3-1-9 所示。

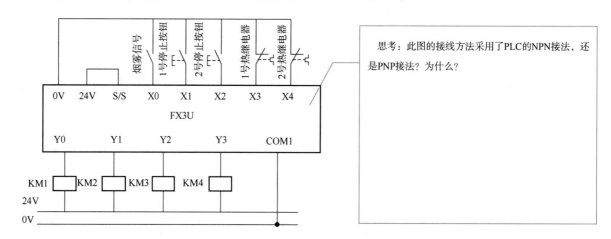

图 3-1-9　PLC 外部接线

第三步:程序设计。

自动消防泵控制程序设计如图 3-1-10 所示,完成程序说明。

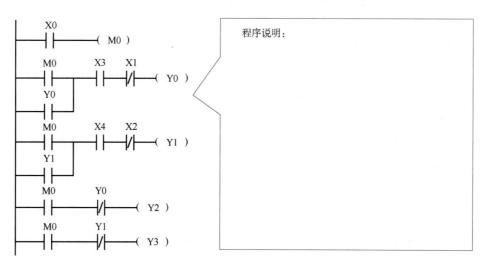

图 3-1-10　自动消防泵控制程序设计

第四步:连接线路,调试程序。

案例二:两台电机的控制系统

控制要求:

(1)单独控制:两台电机互不影响,独立操作启动与停止(可通过两个独立的按钮分别控制电机 M1 和电机 M2 的启动与停止)。

(2)两台电机可以联动控制(可以同时启动,也可以同时停止)。

(3)电机过载(热继电器)时,需要单独报警。

（4）有故障确认或故障复位功能。

（5）有急停功能。

第一步：梳理题意，写出两台电机的控制系统 I/O 端口配置表。

两台电机的控制系统 I/O 端口配置表见表 3-1-9。

两台电机的控制系统 I/O 端口配置表   表 3-1-9

输入		输出	
输入设备	输入继电器	输出设备	输出继电器
SB1 电机 1 启动	X0	KM1 电机 1 接触器	Y0
SB2 电机 1 停止	X1	KM2 电机 2 接触器	Y1
SB3 电机 2 启动	X2	HA1 报警指示灯 1	Y2
SB4 电机 2 停止	X3	HA2 报警指示灯 2	Y3
SB5 同时启动	X4		
SB6 同时停止	X5		
SB7 故障复位	X6		
SB8 紧急停止	X7		
FR1 电机 1 报警	X10		
FR2 电机 2 报警	X11		

第二步：依据分配，绘制 PLC 外部接线图。

根据题意要求和 I/O 端口配置，绘制 PLC 外部接线图，如图 3-1-11、图 3-1-12 所示。

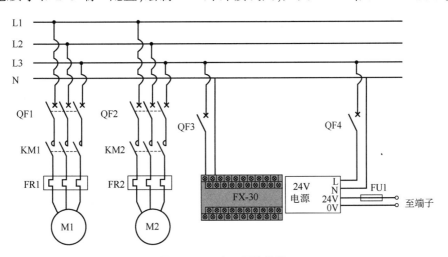

图 3-1-11 实际硬件接线

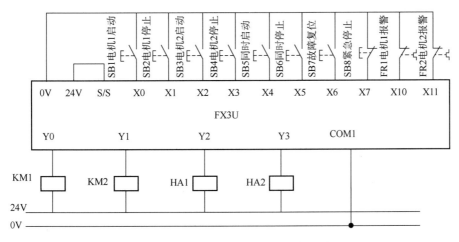

图 3-1-12 两台电机控制 PLC 外部接线

第三步:程序设计。

第四步:连接线路,调试程序并总结。

课后巩固

一、将梯形图转换成指令语句表

梯形图如图 3-1-13 所示。

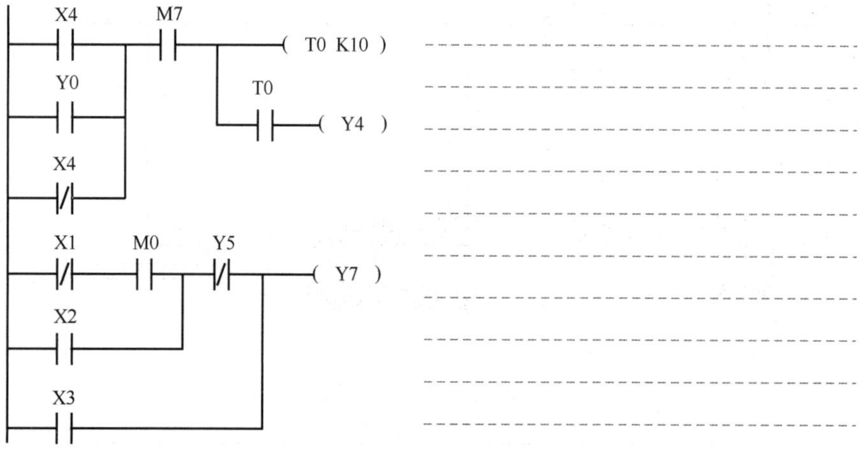

```
       X4       M7
       ─┤├──────┤├──────────( T0 K10 )
       Y0              T0
       ─┤├──          ─┤├────( Y4 )
       X4
       ─┤/├─

       X1       M0       Y5
       ─┤/├─────┤├───────┤/├──( Y7 )
       X2
       ─┤├─
       X3
       ─┤├─
```

图 3-1-13   梯形图

二、传送带产品检测与次品分离

传送带产品检测与次品分离装置如图 3-1-14 所示。

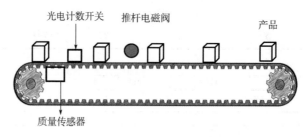

图 3-1-14   传送带产品检测与次品分离装置

1.控制要求

利用传送带传送产品,产品在传送带上按等间距排列,要求在传送带入口处,每进来一个产品,光电计数器发出一个脉冲。同时,质量传感器对该产品进行检测,如果产品质量合格则不动作,如果产品质量不合格则输出逻辑信号1,将不合格产品位置记忆下来,当不合格产品到电磁推杆位置时,电磁杆动作,将不合格产品推出,当产品推到位时,推杆限位开关动作,使电磁杆断电并返回原位。

2.传送带产品检测与次品分离I/O端口配置表

传送带产品检测与次品分离I/O端口配置表见表3-1-10。

传送带产品检测与次品分离I/O端口配置表　　　　　　表3-1-10

输入		输出	
输入继电器	输入元件	输出继电器	输出元件
X0	质量传感器	Y0	推杆电磁阀
X1	光电计数开关		
X2	推杆限位开关		

3.程序设计

传送带产品检测与次品分离梯形图如图3-1-15所示。

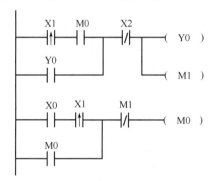

图3-1-15　传送带产品检测与次品分离梯形图

4.程序说明

(1)当合格产品通过时,X0状态为off,X0常开触点断开,M0不得电;当不合格产品通过时,X0得电,常开触点闭合,同时光电计数开关X1检测到有产品通过,X1得电,X1常开触点闭合,M0得电并自锁。当下一个产品通过时,不合格产品正好在下一个位置,X1上升沿常开触点接通,Y0线圈得电并自锁,同时M1得电,M0失电。推杆电磁阀得电后,将不合格产品推出,触及限位开关后,X2状态为on,常闭触点X2断开,Y0线圈失电,M1失电,推杆在弹簧的作用下返回原位。

(2)假如第二个产品也是不合格产品,由于X0、X1仍然闭合,M0线圈又会重新得电。

拓展提升

多故障报警控制

1.控制要求

要求对机器的多种可能的故障进行监控,且当任何一个故障发生时,按下警报消除按钮后,不能影响其他故障发生时报警器的正常鸣响。

监控启动时,当发生故障1时,蜂鸣器蜂鸣发出警报,1号报警灯闪烁。例如,故障1发生,报警器报警后,监控人员做出报警响应,使蜂鸣器关闭,故障报警灯1不再闪烁。当发生故障2时,与故障1动作相同,只是动作元件不同。当没有发生故障时,监控人员可通过按下报警灯和蜂鸣器测试按钮来测试报警灯和蜂鸣器是否正常。

2. 多故障报警控制 I/O 端口配置表

多故障报警控制 I/O 端口配置表见表 3-1-11。

多故障报警控制 I/O 端口配置表 表 3-1-11

输入		输出	
输入继电器	输入元件	输出继电器	输出元件
X0	故障 1 传感器	Y0	故障报警灯 1
X1	故障 2 传感器	Y1	故障报警灯 2
X2	报警灯和蜂鸣器测试按钮	Y2	蜂鸣器
X3	报警响应按钮		

3. 程序设计

多故障报警控制梯形图如图 3-1-16 所示。

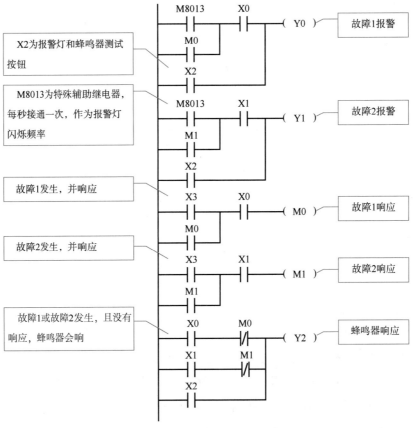

图 3-1-16 多故障报警控制梯形图

✎ **任务中自己发现的问题应如何解决？**

任务测评

评价内容	评价标准	分值(分)	学生互评	组长评分	教师评分
课前导学完成情况	完成质量,知识掌握情况	20			
外部接线	按照电气控制原理图接线	10			
I/O 地址分配	I/O 地址分配正确、合理	5			
程序设计	能够完成控制要求	15			
程序调试与运行	程序录入正确(5 分),符合控制要求(10 分)	15			
处理故障能力	具有创新意识(5 分),能排除故障(5 分)	10			
安全操作规范	能够规范操作(2 分),物品摆放整齐(3 分)	5			
课后巩固完成情况	完成质量(10 分),知识掌握情况(10 分)	20			
合计		100			

任务二　典型低压电器电路的 PLC 控制

姓名：	班级：	日期：
自评学习效果：		

学习目标

▶ 知识目标

1. 熟悉梯形图编写特点及原则。

2. 了解常用的基本控制电路的原理。

3. 掌握常用的典型控制电路的 PLC 控制。

▶ 能力目标

1. 能概括基本控制电路的原理。

2. 能够采用移植法设计出典型低压电器的 PLC 控制电路。

▶ 素质目标

1. 培养理论联系实际的习惯,增强实践能力。

2. 增强学以致用的创新意识。

工作任务

　　用 PLC 改造继电器控制系统时,因为原有的继电器控制系统经过长期的使用和考验,已被证明能够完成系统要求的控制功能,而且继电器电路图与梯形图在表示方法和分析方法上有很多相似之处,所以可以根据继电器电路图设计梯形图,即将继电器电路图转换为具有相同功能的 PLC 外部硬件接线图和梯形图。设计要点是找准继电器原理图和梯形图之间的关系,采用继电器控制电路移植法设计梯形图。

导学结构图

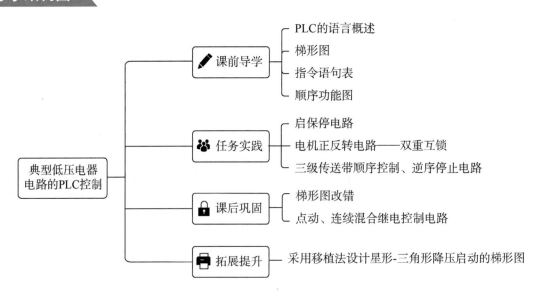

课前导学

一、PLC 的语言概述

梯形图是在继电-接触器控制电路的基础上简化符号演变而来的;指令语句表是一种类似于计算机汇编语言的助记符编程方式,用一系列指令组成的语句将控制逻辑表达出来;顺序功能图是一种比较通用的流程图编程语言,主要用于编制比较复杂的顺序控制程序;功能块图是一种类似数字逻辑门的编程语言,用类似与门、或门的方框表示逻辑运算关系;结构文本是大中型 PLC 配备了 PASCAL、BASIC、C 等语言的编程方式。PLC 常用的三种语言是梯形图、指令语句表、功能图(主要介绍顺序功能图)。

二、梯形图

梯形图语言沿袭了继电-接触器控制电路的形式,具有形象、直观、实用等特点,电气技术人员容易接受,是运用较多的一种 PLC 编程语言,被称为 PLC 的第一编程语言。梯形图主要用于计算机编程环境中。

视频:PLC书写
原则及特点

1. 梯形图的组成

完成图 3-2-1 中与继电器控制元件符号对应的 PLC 的图形符号。

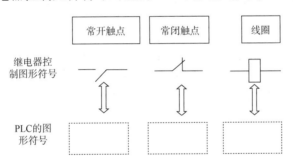

图 3-2-1　继电器控制电路图与 PLC 图形符号的对应

梯形图的组成(图 3-2-2):_____、_____、_____。

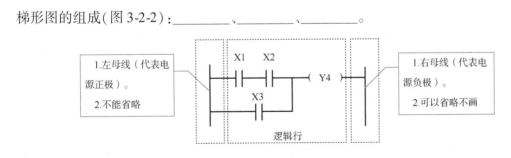

图 3-2-2　梯形图组成

2. 梯形图的特点

(1)梯形图按自上而下、从左到右的顺序排列。

(2)梯形图中,除了输入继电器(X)没有线圈,只有触点外,其他继电器既有线圈又有触点。

(3)一般情况下,在梯形图中某个编号的继电器的线圈(除 X)只能出现一次,而继电器触点可以无限次使用。

3. 梯形图的书写规则

(1)双线圈输出处理如图 3-2-3 所示。如果在同一程序中同一元件的线圈使用两次或多次,则称为双线圈输出。这时前面的输出无效,只有最后一次才有效,一般不应出现双线圈输出。

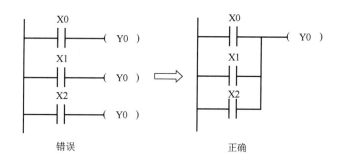

图 3-2-3　双线圈输出处理

（2）在每一逻辑行中，并联触点多的支路应放在左侧，如图3-2-4所示。

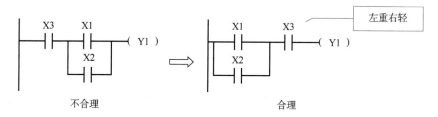

左重右轻

图 3-2-4　并联触点多的支路向左走

（3）在每一逻辑行中，串联触点多的支路应放在上方，如图3-2-5所示。

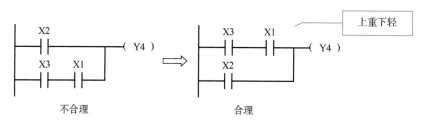

上重下轻

图 3-2-5　串联触点多的支路向上走

（4）并联线圈电路，从分支点到线圈之间无触点的线圈应放在上方，如图3-2-6所示。

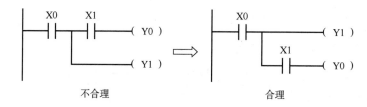

图 3-2-6　分支无触点的并联线圈处理

（5）梯形图中，不允许一个触点上有双向电流通过，即梯形图的接点应画在水平线上，不能画在垂直分支上。图3-2-7a)应改为图3-2-7b)。

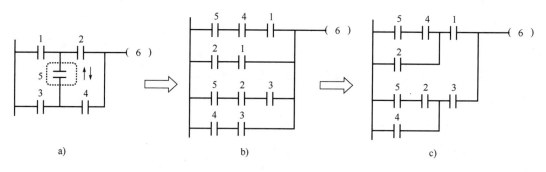

图 3-2-7　触点有双向电流通过的处理

（6）梯形图中,当多个逻辑行都有相同条件时[图3-2-8a)],应将这些逻辑合并为图3-2-8b)。

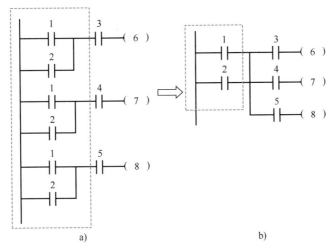

图 3-2-8　合并相同逻辑行

4. 常用基本梯形图程序

PLC 的程序往往是某些典型电路的扩展和叠加,因此掌握一些典型电路对大型复杂程序编写非常有利。

（1）启动、保持和停止电路

实现 Y0 的启动、保持和停止(简称启保停)的两种梯形图如图3-2-9、图3-2-10 所示。梯形图能实现启动、保持和停止的功能。X0 为启动信号,X2 为停止信号。图3-2-9 利用 Y0 常开触点实现自锁保持,而图3-2-10 利用 SET、RST 指令实现自锁保持。

图 3-2-9　启保停梯形图——利用 Y0　　　图 3-2-10　启保停梯形图——利用 SET、
　　　　　常开触点实现自锁保持　　　　　　　　　RST 指令实现自锁保持

（2）多继电器线圈控制电路

图 3-2-11 是可以自锁的同时控制 3 个继电器线圈的电路图。其中,X2 是启动按钮,X1 是停止按钮。

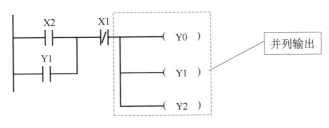

图 3-2-11　并列输出梯形图

（3）多地控制电路

图 3-2-12 是两个地方控制一个继电器线圈的程序。其中,X1 和 X2 是一个地方的启动和停止控制按钮,X3 和 X4 是另一个地方的启动和停止控制按钮。

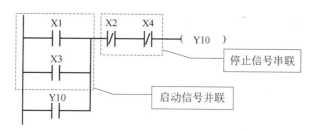

图 3-2-12　多地控制梯形图

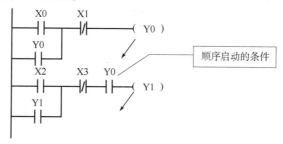

（4）互锁控制电路

互锁电路是指控制电路中两个或两个以上控制回路之间相互制约，回路之间彼此相互控制，不允许同时运行。图 3-2-13 是 3 个输出线圈的互锁控制电路。其中，X0、X1 和 X2 是启动按钮，X3 是停止按钮。Y0、Y1、Y2 每次只能有一个接通，所以将 Y0、Y1、Y2 的常闭触点分别串联到其他两个线圈的控制电路中。

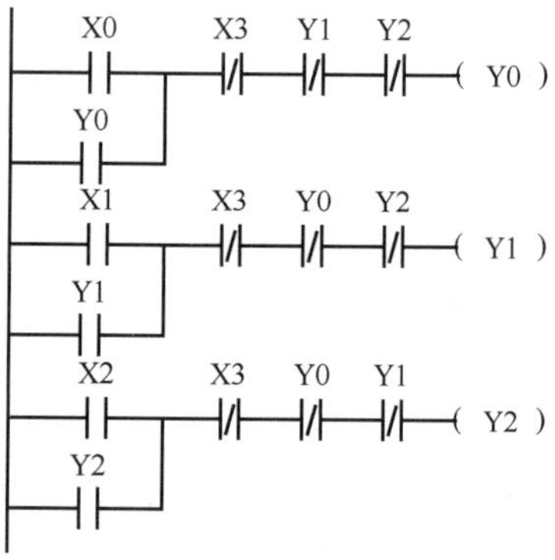

（5）顺序启动控制电路

如图 3-2-14 所示，其中，X0、X2 为启动按钮，X1、X3 为停止按钮。Y0 的常开触点串在 Y1 的控制回路中，Y1 的接通是以 Y0 的接通为条件的。因此，只有 Y0 接通才允许 Y1 接通，若 Y0 关断后 Y1 也被关断停止，而且在 Y0 接通的条件下，Y1 可以自行接通和停止。

图 3-2-13　互锁控制电路

图 3-2-14　顺序启动控制电路

（6）振荡电路

图 3-2-15 和图 3-2-16 所示为振荡电路，X0 控制 Y0，当 X0 的常开触点接通后，图 3-2-15 的 Y0 按照灭 2s、亮 2s 的规律运行，图 3-2-16 的 Y0 按照亮 2s、灭 2s 的规律运行。

（7）延合延分电路

如图 3-2-17 所示，用 X0 控制 Y0，当 X0 的常开触点接通后，T0 开始延时，2s 后 T0 的常开触点接通，使 Y0 变为 on 状态。X0 为 on 状态时其常闭触点断开，使 T1 复位，X0 变为 off 状态后 T1 开始延时，3s 后 T1 的常闭触点断开，使 Y0 变为 off 状态，T1 也被复位。Y0 用启保停电路来控制。

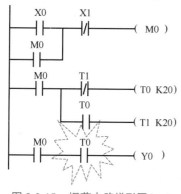

图 3-2-15　振荡电路梯形图（一）

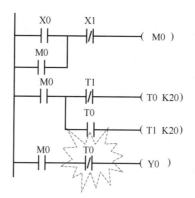

图 3-2-16　振荡电路梯形图（二）

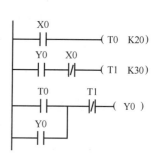

图 3-2-17　延合延分电路

三、指令语句表

指令语句表也称为助记符语言,用在手持编程器中。同一厂家的PLC产品,其指令语句表和梯形图是相互对应的,可相互转换。

指令语句表的组成(图3-2-18):_____、_____、_____等部分。

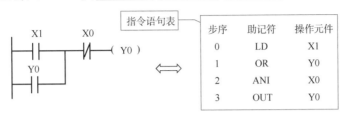

步序	助记符	操作元件
0	LD	X1
1	OR	Y0
2	ANI	X0
3	OUT	Y0

图 3-2-18　指令语句表的组成

四、顺序功能图

顺序功能图又称状态流程图,详见项目四的任务一。

任务实践

电气电路控制和PLC控制之间原理是相通的,电气控制都可以通过PLC控制实现,那么电气控制电路怎么转换成梯形图,进而转换为PLC的逻辑指令呢? 典型电路有启保停电路,电机正反转电路——双重互锁,三级传送带顺序控制、逆序停止电路等。

方法提示:找准输入、输出元件,对照原理图写出控制程序,根据书写原则调整梯形图、调试验证程序。

视频:电机连续
运行案例

一、启保停电路

启保停电路在梯形图中应用广泛,其最大的特点是利用自身的自锁(又称自保停)可以获得"记忆"功能。图3-2-19是三相异步电动机单相连续控制的低压电器原理图演绎成PLC梯形图控制的过程。其中SB1为停止按钮,SB2为启动按钮。

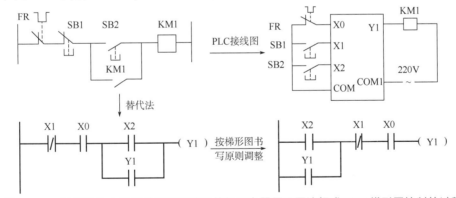

图 3-2-19　三相异步电动机单相连续控制的低压电器原理图演绎成 PLC 梯形图控制的过程

💡 **注意**:热继电器常态为常闭,在PLC的外接中常闭,对应PLC的触点应为常开。

💡 **常闭触点输入信号的处理**:如果输入信号只能由常开触点提供,梯形图中的触点类型与继电器电路的触点类型完全一致。如果接入PLC的是输入信号的常闭触点,这时在梯形图中所用的 X1 的触点类型与 PLC 外接 SB1 的常开触点刚好相反（如图 3-2-19），与继电器电路图中的习惯也是相反的。建议尽可能采用常开触点作为 PLC 的输入信号。

将图 3-2-19 的启保停电路改为置位复位电路控制，也可以达到异曲同工的效果，如图 3-2-20 所示。

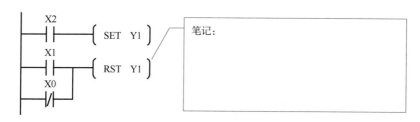

图 3-2-20　置位复位控制

二、电机正反转电路——双重互锁

1. 控制要求

结合前面学过的典型电路知识，将图 3-2-21 改为 PLC 控制程序，并记录操作过程和结果。

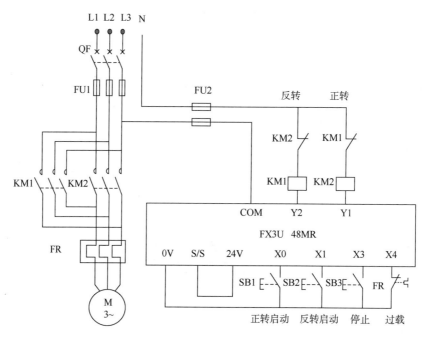

图 3-2-21　电机正反转 PLC 外部接线图

2. 双重互锁 I/O 端口配置表

双重互锁 I/O 端口配置表见表 3-2-1。

双重互锁 I/O 端口配置表　　　　　　　　　　　　　　　　　表 3-2-1

输入		输出	
输入设备	输入继电器	输出设备	输出继电器

3.程序设计

三、三级传送带顺序控制、逆序停止电路

1.控制要求

启动顺序:传送带1启动后,传送带2才能启动,传送带2启动后,传送带3才可以启动。

停止顺序:要停止传送带,只有停止传送带3后才能停止传送带2,只有停止传送带2后才能停止传送带1。

2.三级传送带顺序控制、逆序停止电路I/O端口配置表

三级传送带顺序控制、逆序停止电路I/O端口配置表见表3-2-2。

三级传送带顺序控制、逆序停止电路I/O端口配置表　　　　　　　表3-2-2

输入			输出		
输入编号	功能	输入继电器	输出编号	功能	输出继电器
FR1	电机M1的热继电器	X11	KM1	传送带1电机M1控制接触器	Y1
FR2	电机M2的热继电器	X12	KM2	传送带2电机M2控制接触器	Y2
FR3	电机M3的热继电器	X13	KM3	传送带3电机M3控制接触器	Y3
SB1	传送带1的启动按钮	X1			
SB2	传送带1的停止按钮	X2			
SB3	传送带2的启动按钮	X3			
SB4	传送带2的停止按钮	X4			
SB5	传送带3的启动按钮	X5			
SB6	传送带3的停止按钮	X6			

3.补全低压电器原理图

根据题意及控制要求,补全图3-2-22中图b)所缺的控制内容(第三台电机的顺序启动和1、2、3台电机的逆序停止)。

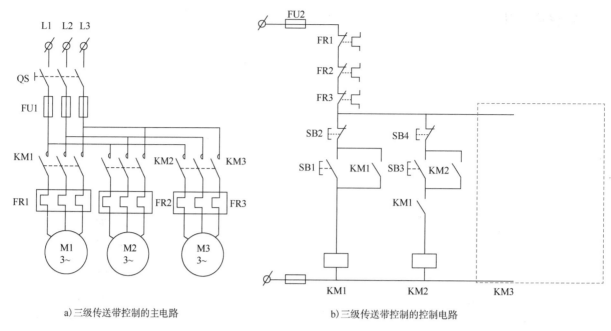

a)三级传送带控制的主电路　　　　　b)三级传送带控制的控制电路

图 3-2-22　三级传送带控制原理图

4．程序设计

根据补全的电气原理图,补全图 3-2-23 的程序设计,并思考 M0 是否需要自锁。若当 1 号或 2 号出现故障停车时,3 号能随即停车,又如何改编程序?

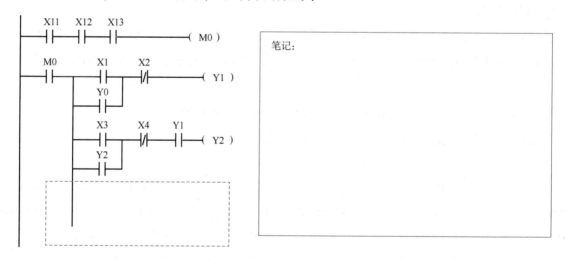

笔记:

图 3-2-23　三级传送带程序设计

课后巩固

一、梯形图改错

(1)分析图 3-2-24 梯形图设计是否规范,若不合理,请改正。

改错:

图 3-2-24　不合理梯形图

（2）给图 3-2-25 改错（5 处错误）并写出理由。

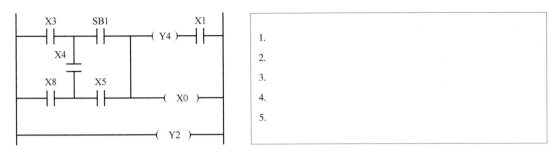

1.
2.
3.
4.
5.

图 3-2-25　不合理梯形图

二、点动、连续混合继电控制电路

1. 控制要求

常见的点动、连续混合继电控制电路原理图如图 3-2-26 所示。其中，SB2 为电机连续运行启动按钮，SB3 为电机点动运行启动按钮，SB1 为电机连续运行停止按钮。

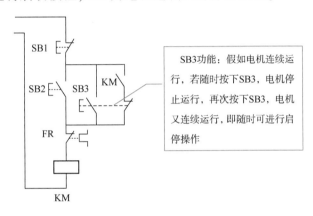

图 3-2-26　点动、连续混合继电控制电路原理图

2. 点动、连续混合继电控制电路 I/O 端口配置表

点动、连续混合继电控制电路 I/O 端口配置表见表 3-2-3。

点动、连续混合继电控制电路 I/O 端口配置表　　　　　　　　　表 3-2-3

输入		输出	
输入元件	输入继电器	输出元件	输出继电器
启动按钮	X0	电机	Y0
停止按钮	X1		
点动按钮	X2		

3. 程序设计

（1）利用替代法设计，如图 3-2-27 所示。

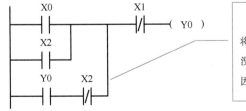

问题：按下X2，无论电机处于何种状态都将运行，松开X2，电机没有停止运转，即X2没有实现点动控制，实现的是连续控制，原因是没有有效破坏自锁

图 3-2-27　替代法

（2）加定时器改进，如图 3-2-28 所示。

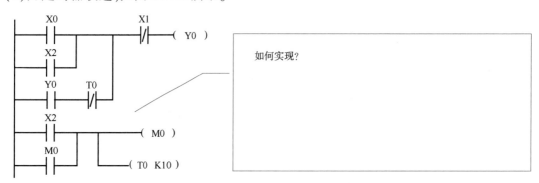

图 3-2-28　加定时器改进

（3）借用辅助继电器改进，如图 3-2-29 所示。

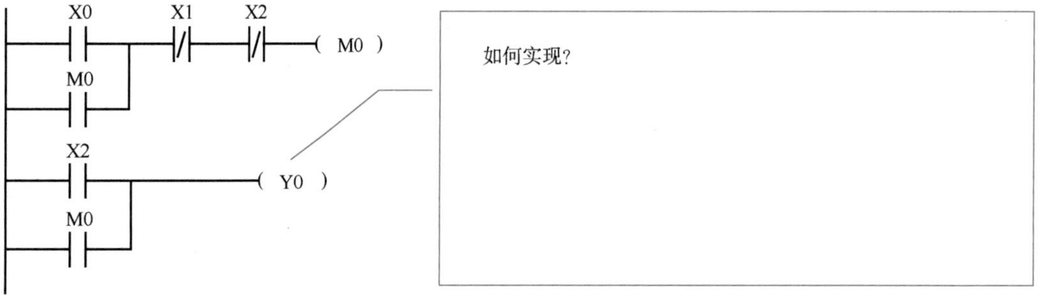

图 3-2-29　借用辅助继电器改进

拓展提升

采用移植法设计星形-三角形降压启动的梯形图

星形-三角形降压启动的梯形图如图 3-2-30 所示。

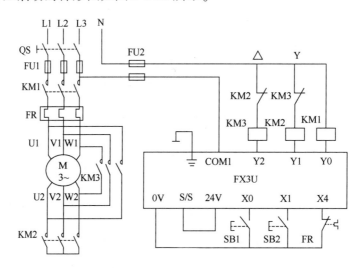

图 3-2-30　星形-三角形降压启动的梯形图

1. 控制要求

在设计过程中，应充分考虑由星形向三角形切换的时间，即当电机绕组从星形切换到三角形时，由 KM2 完全断开（包括灭弧时间）到 KM3 接通这段时间应锁定，以防电源短路。另外，在实际使用时 PLC 的执行速度过快，而外部交流接触器动作速度慢，因此，外电路必须考虑互锁，防止发生瞬间短路事故。

2.补充星形-三角形降压启动I/O端口配置表

星形-三角形降压启动I/O端口配置表见表3-2-4。

星形-三角形降压启动I/O端口配置表

表3-2-4

输入			输出		
输入继电器	输入元件	作用	输出继电器	输出元件	作用
	SB2	停止按钮		KM1	交流接触器 KM1
	SB1	启动按钮		KM2	交流接触器 KM-Y
	FR	热继电器		KM3	交流接触器 KM-Δ

3.程序设计

✎　任务中自己发现的问题应如何解决？

任务测评

评价内容	评价标准	分值(分)	学生互评	组长评分	教师评分
课前导学完成情况	完成质量,知识掌握情况	20			
外部接线	按照电气控制原理图接线	10			
I/O 地址分配	I/O 地址分配正确、合理	5			
程序设计	能够完成控制要求	15			
程序调试与运行	程序录入正确(5分),符合控制要求(10分)	15			
处理故障能力	具有创新意识(5分),能排除故障(5分)	10			
安全操作规范	能够规范操作(2分),物品摆放整齐(3分)	5			
课后巩固完成情况	完成质量(10分),知识掌握情况(10分)	20			
合计		100			

任务三 定时器及其应用

姓名：	班级：	日期：
自评学习效果：		

学习目标

▶ 知识目标

1. 掌握定时器的分类。

2. 了解定时器和时间继电器的区别。

3. 验证定时器的基本电路。

▶ 能力目标

1. 能够熟练地说出定时器的设定值。

2. 能有效使用定时器处理实际问题。

▶ 素质目标

遵循安全规范,养成良好的安装和操作习惯。

工作任务

自动控制装置的功能指令和编程元件极为丰富。如果功能指令和编程元件使用得当,运用灵活,将会得到较好的应用效果。PLC 中的定时器相当于继电控制系统的时间继电器,它在程序中的基本功能是延时控制,利用定时器可以组成多样的时序逻辑电路。本任务着重介绍定时器的应用技巧。

导学结构图

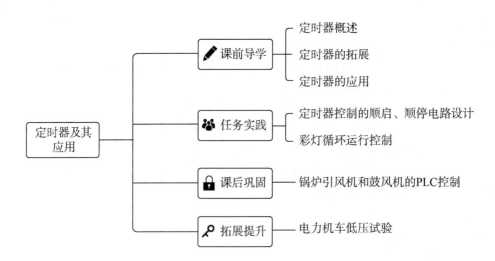

课前导学

定时器是 PLC 编程时常用到的一个软元件,在编程应用中我们往往可以使用定时器来实现延时启动功能、顺序控制功能、报警保护功能等。

一、定时器概述

1. 定时器的分类

定时器按照工作原理可分为非积算型定时器和积算型定时器,具体见表 3-3-1。

定时器分类表　　　　　　　　　　　　　　　　　表 3-3-1

分类	定时器	定时精度(ms)	定时范围(s)
非积算型定时器	T0 ~ T199	100	0.1 ~ 3276.7
	T200 ~ T245	10	0.01 ~ 327.67
	T256 ~ T511	1	0.001 ~ 32.767
积算型(RST 清零)定时器	T246 ~ T249	1	0.001 ~ 32.767
	T250 ~ T255	100	0.1 ~ 3276.7

非积算型定时器:当输入断开或 PLC 停电后,定时器设定值和其触点都复位,如图 3-3-1 所示,X0 断开时,T0 和 T1 均清零,对应的触点均复位。

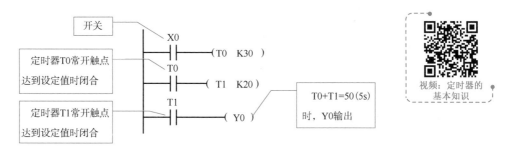

图 3-3-1　非积算型定时器的应用

积算型定时器:当输入断开或 PLC 停电后,定时器保留当前值;当再上电和输入吸合后,定时器继续计时,直至计满。积算型定时器的复位必须用 RST 指令才能实现,如图 3-3-2 所示。

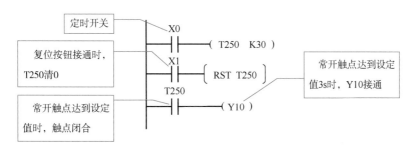

图 3-3-2　积算型定时器的应用

定时器定时时间计算方法:定时时间 = 设定值 × 定时精度。

2. 定时器的应用案例

案例一:若需要定时 5s 时,选用不同的定时器,如何设置 K 值?

选用 T10,则 K 值为_____。

选用 T201,则 K 值为_____。

选用 T249,则 K 值为_____。

案例二:识读图 3-3-3 和图 3-3-4,并填空。

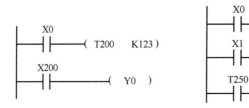

图 3-3-3　非积算型定时器的应用　　图 3-3-4　积算型定时器的应用

在图 3-3-3 中,Y0 在 X0 打开_____ s 后接通。

在图 3-3-4 中,T250 属于_____定时器,需要用_____指令清零后,方可循环使用,Y10 在 X0 打开_____ s 后接通。

二、定时器的拓展

每类定时器都有其设定范围,要增大设定时间时,采用以下两种方法实现:

图 3-3-5 采用时间累积的方法(做加法),Y10 在 X0(开关)接通_____ s 后运行。

图 3-3-6 采用定时器和计数器混合拓展的方法(做乘法),Y0 在 X0(开关)接通_____ s 后运行。

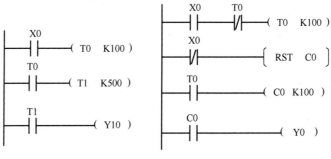

图 3-3-5　定时器累加　　图 3-3-6　定时器和计数器混用

三菱 PLC 的定时器的特点:

(1)定时器的角标采用十进制编号。

(2)定时器定时最小值 0.001s,最大值 3276.7s。

(3)定时器总计有 512 个,分为非积算型(T0～T245)(T256～T511)和积算型(T246～T255)两大类。

(4)积算型定时器需要用 RST 复位。

(5)有三种精度的定时器,分别为 100ms、10ms、1ms。

(6)每一类定时器根据定时精度有不同的定时范围。

三、定时器的应用

案例一:PLC 控制的家用示警灯的设计

1.控制要求

传感器提供初始输入电路。如果某个活动被传感器检测到,示警灯 LP1 立即示警,持续 10s 后,自动切断示警灯。

2.PLC 控制的家用示警灯的设计 I/O 端口配置表

PLC 控制的家用示警灯的设计 I/O 端口配置表见表 3-3-2。

PLC 控制的家用示警灯的设计 I/O 端口配置表　　　　　　　　　　　　表 3-3-2

输入			输出		
输入继电器	输入元件	作用	输出继电器	输出元件	作用
X0	传感器	检测	Y0	LP1	示警

3. 程序设计

示警灯系统控制主要实现延时断电,如图 3-3-7 所示。

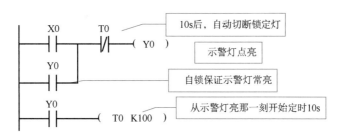

图 3-3-7　示警灯系统控制梯形图

案例二:振荡电路设计

1. 控制要求

有一台电机低压试验时,要求在按下启动按钮 X2 后,电机(Y2)运转 3s,停止 2s;重复循环 3 个周期自行停止,或按下停止按钮 X3 电机立即停。

2. 振荡电路设计 I/O 端口配置表

振荡电路设计 I/O 端口配置表见表 3-3-3。

视频:定时器的基本案例

振荡电路设计 I/O 端口配置表　　　　　　　　　　　　表 3-3-3

输入		输出	
输入元件	输入继电器	输出元件	输出继电器
启动	X2	Y2	电机
停止	X3		

3. 程序设计

电机运行梯形图如图 3-3-8 所示。

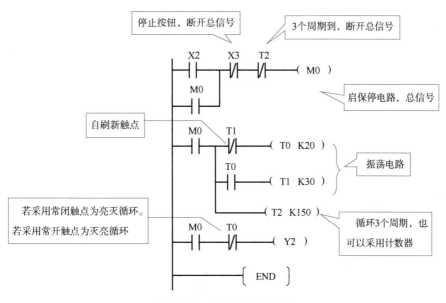

图 3-3-8　电机运行梯形图

案例三:定时步进电路设计

1. 控制要求

当 X0 合上,Y0 输出 10s 后 Y1 才有输出,Y0 输出 20s 后停止输出;Y1 输出 10s 后 Y2 才有输出,Y1 输出 30s 后停止工作;Y2 输出 50s 后停止工作;X1 为总停触点。定时步进电路时序图如图 3-3-9 所示。

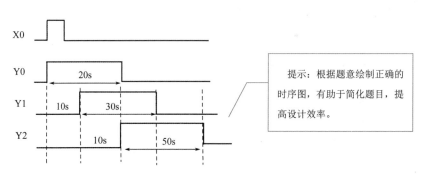

提示:根据题意绘制正确的时序图,有助于简化题目,提高设计效率。

图 3-3-9　定时步进电路时序图

2. 程序设计

定时步进程序设计如图 3-3-10 所示。

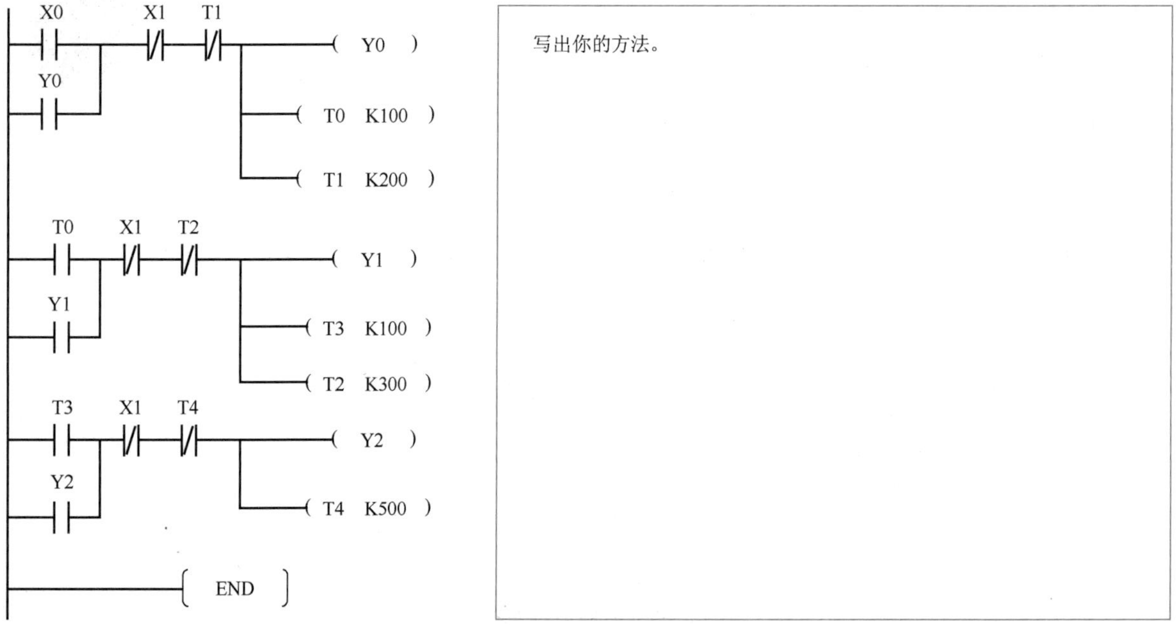

写出你的方法。

图 3-3-10　定时步进程序设计

任务实践

一、定时器控制的顺启、顺停电路设计

1. 控制要求

分析下面 3 台电机顺序控制原理图,利用仿真软件(CADe-SIMU)完成原理图绘制,根据动作情况总结其原理,并改为 PLC 控制,写出梯形图。其中,SB1 为急停按钮,SB2 为顺启按钮,SB6 为逆序停止按钮。启动定时器间隔 5s,停止定时器间隔 3s。定时器控制的顺启、顺停电路图如图 3-3-11 所示。

2. 填写定时器控制的顺启、顺停电路设计 I/O 端口配置表

定时器控制的顺启、顺停电路设计 I/O 端口配置表见表 3-3-4。

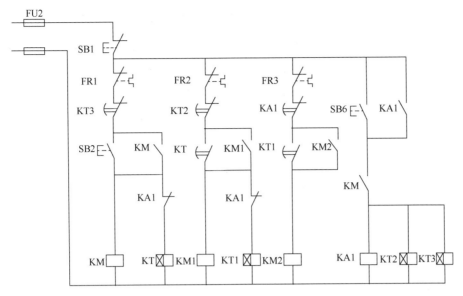

图 3-3-11 定时器控制的顺启、顺停电路图

定时器控制的顺启、顺停电路设计 I/O 端口配置表 　　　　表 3-3-4

输入		输出	
输入继电器	输入元件	输出继电器	输出元件

3. 调试程序

二、彩灯循环运行控制

1. 控制要求

（1）彩灯电路受启动开关 S01 控制,当 S01 接通时,彩灯系统 LD1～LD3 开始顺序工作。当 S07 断开时,彩灯全熄灭。

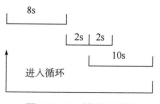

图 3-3-12 控制示意图

（2）彩灯工作循环：LD1 彩灯亮,延时 8s 后熄灭,LD2 彩灯亮,延时 2s 后,LD3 彩灯亮;LD2 彩灯继续亮,延时 2s 后熄灭;LD3 彩灯延时 10s 后熄灭,进入再循环。控制示意图如图 3-3-12 所示。

2.填写彩灯循环运行控制 I/O 端口配置表

彩灯循环运行控制 I/O 端口配置表见表 3-3-5。

彩灯循环运行控制 I/O 端口配置表　　　　　　　　表 3-3-5

输入		输出	
输入继电器	输入元件	输出继电器	输出元件

3.调试程序

方法一：

方法二：

课后巩固

锅炉引风机和鼓风机的 PLC 控制

1.控制要求

锅炉燃料的燃烧需要充足的氧气,引风机和鼓风机为锅炉燃料的燃烧提供氧气,引风机首先启动,延时 8s 后鼓风机启动;停止时,按下停止按钮,鼓风机先停,8s 后引风机停止工作。

2.锅炉引风机和鼓风机的 PLC 控制 I/O 端口配置表

锅炉引风机和鼓风机的 PLC 控制 I/O 端口配置表见表 3-3-6。

锅炉引风机和鼓风机的 PLC 控制 I/O 端口配置表　　　　表 3-3-6

输入			输出		
输入继电器	输入元件	作用	输出继电器	输出元件	作用
X0	SB2	停止按钮	Y0	KM1	引风机控制接触器
X1	SB1	启动按钮	Y1	KM2	鼓风机控制接触器

3. 程序设计(可用多种方法)

拓展提升

电力机车低压试验

1. 控制要求

在电力机车(SS7C)低压试验时,首先按下"劈相机"按键开关时,空气压缩机放风阀 YV13、YV14 得电打开通大气。再按下压缩机按键开关, I 端压缩机接触器 KM13 得电吸合,其延时继电器 KT5 得电延时 3s 后, II 端压缩机接触器 KM14 得电吸合,空气压缩机放风阀 YV13 关闭,同时,其延时继电器 KT6 得电延时 3s 后,空气压缩机放风阀 YV14 关闭。

你能用一句话总结其工作原理吗?

2. 电力机车低压试验I/O 端口配置表

电力机车低压试验I/O 端口配置表见表3-3-7。

电力机车低压试验I/O 端口配置表　　　　　　表 3-3-7

输入		输出	
输入继电器	输入元件	输出继电器	输出元件

3. 试设计程序并调试

✏️ **任务中自己发现的问题应如何解决?**

任务测评

评价内容	评价标准	分值(分)	学生互评	组长评分	教师评分
课前导学完成情况	完成质量,知识掌握情况	20			
外部接线	按照电气控制原理图接线	10			
I/O 地址分配	I/O 地址分配正确、合理	5			
程序设计	能够完成控制要求	15			
程序调试与运行	程序录入正确(5分),符合控制要求(10分)	15			
处理故障能力	具有创新意识(5分),能排除故障(5分)	10			
安全操作规范	能够规范操作(2分),物品摆放整齐(3分)	5			
课后巩固完成情况	完成质量(10分),知识掌握情况(10分)	20			
合计		100			

任务四　计数器及其应用

姓名:	班级:	日期:
自评学习效果:		

学习目标

▶ **知识目标**

1. 掌握计数器的分类。

2. 会用计数器解决实际应用问题,并能验证调试。

3. 掌握混用定时器和计数器拓宽时间值范围的方法。

▶ **能力目标**

1. 能够准确说出计数器的范围及功用。

2. 能运用计数器灵活处理实际工程问题。

▶ **素质目标**

1. 培养自主学习的能力。

2. 培养动手、观察、直观感受以及应用理论知识解决实际问题的能力。

工作任务

　　PLC 中的计数器是当今工业领域使用广泛的一种新型自动控制装置,其功能指令和编程元件极为丰富。若功能指令和编程元件使用得当,运用灵活,将会得到较好的应用效果。掌握编程元件的应用技巧,对软件设计有很大的帮助。本任务介绍三菱 FX3U 计数器的一些应用技巧,看看计数器除了计数,还能怎么用。

导学结构图

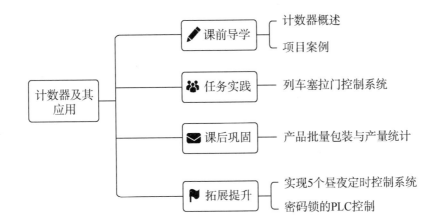

一、计数器概述

1. 计数器的分类

计数器主要用来记录脉冲的个数或根据脉冲个数设定某一时间。计数器的计数值通过编程来设定。PLC 的计数器有内部信号计数器(即普通计数器)(C0 ~ C234)和高速计数器(C235 ~ C255)两种。高速计数器本教材不做介绍,着重介绍内部信号计数器。内部信号计数器分为两类,即 16 位增计数器和 32 位双向计数器,见表 3-4-1。所有的计数器都必须用 RST 复位。

内部信号计数器的分类　　　　　　　　　　表 3-4-1

分类	设定范围	计数器	作用
16 位增计数器	1 ~ 32767	C0 ~ C99	通用型
		C100 ~ C199	保持型
32 位双向计数器	− 2147483648 ~ + 2147483647	C200 ~ C219	通用型
		C220 ~ C234	保持型

视频:计数器
及其应用

2. 应用案例解析

(1) 16 位增计数器

图 3-4-1 是 16 位增计数器的应用,X1 每接通一次,C10 计一次,当 X1 接通次数达到 5 次时,C10 的常开触点闭合,Y10 输出。X0 在任何情况下接通时,C10 都会被复位。

(2) 32 位双向计数器

计数器是递加计数还是递减计数由特殊辅助继电器 M8200 ~ M8234 设定,与 C200 ~ C234 一一对应。特殊辅助继电器接通(置"1")时,为递减计数;特殊辅助继电器断开(置"0")时,为递增计数。可直接用常数 K 或间接用数据寄存器 D 的内容作为计数器的设定值。间接设定时,要用器件号紧连在一起的两个数据寄存器。

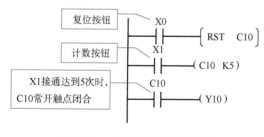

复位按钮　X0
计数按钮　X1
X1接通达到5次时,
C10常开触点闭合　C10

RST　C10
(C10　K5)
(Y10)

图 3-4-1　16 位增计数器的应用

通用型计数器断电后寄存器内容清零,保持型计数器断电后寄存器内容不会清零。如图 3-4-2 和图 3-4-3 所示,若 X0 为低电平(不接通),则 M8203 置"0",此时 C203 为增计数器;若 X0 为高电平(接通),则 M8203 置"1",此时 C203 为减计数器。X1 为复位按钮,接通时 C203 清零。X2 为计数按钮,每接通 1 次,C203 增或减 1 次。

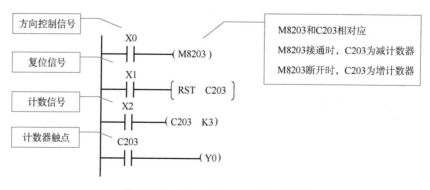

方向控制信号　X0
复位信号　X1
计数信号　X2
计数器触点　C203

(M8203)
RST　C203
(C203　K3)
(Y0)

M8203和C203相对应
M8203接通时,C203为减计数器
M8203断开时,C203为增计数器

图 3-4-2　32 位双向计数器的梯形图

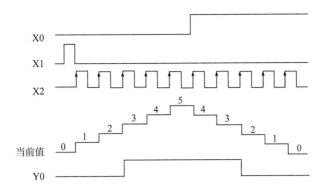

图 3-4-3　32 位双向计数器的时序图

注意:增计数到达设定值时,计数器输出触点动作,且当前值仍随计数信号的变化而变化;减计数到达设定值时,计数器输出触点复位,且当前值仍随计数信号的变化而变化。

3. 计数器的应用

在图 3-4-4 中,Y1 在 X0 按下_____次后保持常亮,复位信号是_____。

图 3-4-5 所示为计数器的拓展,是由计数器 C1 和计数器 C2 组成的,接通 X1 _____次时,此时计数器 C1 的触点输出一次,计数器 C2 得到一个输入脉冲。当计数器 C2 计数_____次时,计数器 C2 的触点输出,C2 的常开触点闭合,Y0 线圈得电。计数总次数为计数器 C1 的设定值和计数器 C2 的设定值的乘积,即 Y0 的输出 = _____次。

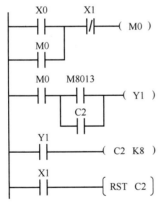
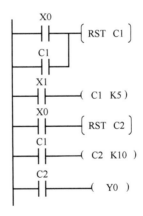

图 3-4-4　计数器应用　　　　图 3-4-5　计数器拓展应用

三菱 PLC 计数器的特点:

(1)计数器采用大写的字母 C 表示。

(2)计数器的角标编号采用十进制。

(3)计数器总计 256 个,其中普通计数器为 C0 ~ C234,高速计数器为 C235 ~ C255。

(4)内部信号计数器分为 16 位增计数器和 32 位双向计数器。

(5)计数器都需要用 RST 清零。

(6)16 位增计数器和 32 位双向计数器都可以分为通用型和保持型两种。

(7)每一类计数器都有它的计数范围。

二、项目案例

案例一:PLC 控制传送带检测瓶子

1. 控制要求

检测瓶子是否为直立装置,当瓶子从传送带上移过时,它被两个光敏二极管检测以确定瓶子是否直立。如果瓶子不是直立的,则被推出活塞杆推到传送带外。若推出 3 个空瓶,则点亮报警指示灯,提醒工作人员进行检测。PLC 控制传送带检测瓶子示意图如图 3-4-6 所示。

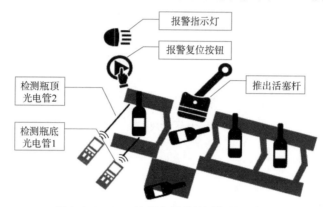

图 3-4-6 PLC 控制传送带检测瓶子示意图

2. PLC 控制传送带检测瓶子 I/O 端口配置表

PLC 控制传送带检测瓶子 I/O 端口配置表见表 3-4-2。

PLC 控制传送带检测瓶子 I/O 端口配置表   表 3-4-2

输入			输出		
代号	功能	输入继电器	代号	功能	输出继电器
SA1	检测瓶顶光电管 2	X0	KM1	推出活塞杆	Y0
SA2	检测瓶底光电管 1	X1	HL	报警指示灯	Y1
SB	报警复位按钮	X2			

3. 程序设计

任务分析:推出活塞杆主要将倒了的瓶子推出,推出的条件是由检测瓶顶光电管 2 和检测瓶底光电管 1 共同决定(两光电管串联)。瓶子不管直立还是倒下,瓶底光电管 1 都能检测到信号,所以推出活塞杆的动作由瓶顶光电管 2 决定。若检测瓶顶光电管 2(X0)设置为常开触点,瓶子直立时检测到信号,推出活塞杆动作,瓶子被推出,不符合题意。所以将检测瓶顶光电管 2 对应的输入继电器(X0)设置为常闭,若检测不到瓶顶信号,推出活塞杆将其推出。PLC 控制传送带检测瓶子程序设计如图 3-4-7 所示。

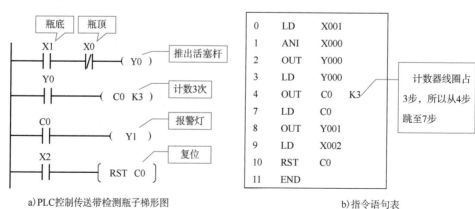

a)PLC控制传送带检测瓶子梯形图   b)指令语句表

图 3-4-7 PLC 控制传送带检测瓶子程序设计

案例二:仓库货物数量统计的 PLC 控制

1.控制要求

有一个小型仓库,需对每天存放进来的货物进行统计,当货物达到 150 件时,仓库监控室的绿指示灯亮;当货物达到 200 件时,仓库监控的红指示灯亮并报警,以提醒管理员注意。

2.仓库货物数量统计的 PLC 控制 I/O 端口配置表

根据题意分析,有两个输入元件和两个输出元件,仓库货物数量统计的 PLC 控制 I/O 端口配置表见表 3-4-3。

仓库货物数量统计的 PLC 控制 I/O 端口配置表 表 3-4-3

输入			输出		
输入继电器	输入元件	作用	输出继电器	输出元件	作用
X0	IR(红外传感器)	传感器	Y0	HL1	绿指示灯
X1	SB1	复位按钮	Y1	HL2	红指示灯

3.程序设计

仓库货物数量统计的 PLC 控制程序设计如图 3-4-8 所示。

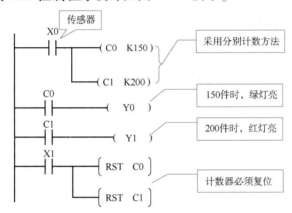

图 3-4-8 仓库货物数量统计的 PLC 控制程序设计

案例三:交替输出电路控制系统

1.控制要求

在继电-接触器控制系统中,控制电机的启停往往需要两个按钮,这样当一台 PLC 控制多个这种具有启停操作的设备时,势必占用很多输入点。有时为了节省输入点,利用 PLC 软件编程,实现交替输出。操作方法是:按一下该按钮(X0),输入的是启动信号。再按一下该按钮(X0),输入的是停止信号……,即单数次为启动信号,双数次为停止信号。Y10 为输出信号。

2.程序设计

单次启动双次停止程序如图 3-4-9 所示。

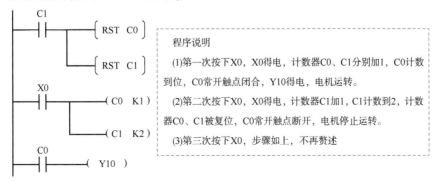

图 3-4-9 单次启动双次停止程序

任务实践

列车塞拉门控制系统

1. 控制要求

（1）按下开门按钮 SB1，开门指示灯 HL1 闪烁（1s/次），并且蜂鸣器响起，开门指示灯闪 3 次后和蜂鸣器一起结束工作（此阶段松开开门按钮 SB1，设备可保持工作），开门电磁阀得电，电机旋转，驱动丝杆转动，带动携门夹动作，车门打开；当车门触碰到门开到位开关 S2 和 S3 后，电机停止工作，门全开。

（2）按下关门按钮 SB2，关门指示灯 HL2 闪烁（1s/次），并且蜂鸣器响起，关门指示灯闪 3 次后和蜂鸣器结束工作（此阶段松开关门按钮 SB2，设备可保持工作），关门电磁阀得电，电机反向旋转，驱动丝杆转动，带动携门夹动作，车门关闭；当车门触碰到门关到位开关 S1 后，电机停止工作，门全关闭。

2. 列车塞拉门控制系统 I/O 端口配置表

完成列车塞拉门控制系统 I/O 端口配置表，见表3-4-4。

列车塞拉门控制系统 I/O 端口配置表 表 3-4-4

输入			输出		
输入继电器	输入元件	作用	输出继电器	输出元件	作用

3. 程序设计

产品批量包装与产量统计

1．控制要求

在产品包装线上,光电传感器每检测 6 个产品,机械手执行移动动作 1 次,将 6 个产品转移到包装箱中,机械手复位;当 24 个产品装满后,打包,打印生产日期,统计日产量,最后下线。图 3-4-10 所示为生产线包装袋统计,光电传感器 A 用于检测产品,6 个产品通过后,向机械手发出动作信号,机械手将这 6 个产品转移至包装箱内,转移 4 次后,开始打包,打包完成后,打印生产日期。光电传感器 B 用于检测包装箱,统计日产量,下线。

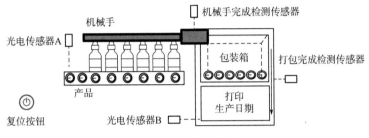

图 3-4-10　生产线包装袋统计

2．产品批量包装与产量统计 I/O 端口配置表

产品批量包装与产量统计 I/O 端口配置表见表 3-4-5。

产品批量包装与产量统计 I/O 端口配置表　　　　　　　表 3-4-5

输入		输出	
输入继电器	输入元件	输出继电器	输出元件
X0	光电传感器 A	Y0	机械手
X1	机械手完成检测传感器	Y1	打包机
X2	打包完成检测传感器	Y2	打号机
X3	光电传感器 B		
X4	产量计数复位		

3．程序设计

产品批量包装与产量统计程序设计如图 3-4-11 所示。

4．程序说明

(1)光电传感器每检测 1 个产品,X0 就触发 1 次(off→on),C0 计数 1 次。

(2)当 C0 计数达到 6 次时,C0 的常开触点闭合,Y0 = on,机械手执行移动动作,同时 C1 计数 1 次。

(3)当机械手移动动作完成后,机械手完成检测,传感器接通,X1 状态 off→on 变化 1 次,复原指令被执行,Y0 和 C0 均被复位,等待下次移动。

(4)当 C1 计数达 4 次时,C1 的常开触点闭合,Y1 状态为 on,打包机将纸箱折叠并封口,完成打包后,X2 状态 off→on 变化 1 次,复原指令被执行,Y1 和 C1 均被复位,同时 Y2 状态为 on,打号机将生产日期打印到包装箱表面。

(5)光电传感器 B 检测到包装箱时,X3 就触发 1 次(off→on),C3 计数 1 次。按下清零按钮后 X4 可将产品产量记录清零,又可对产品数从 0 开始进行计数。

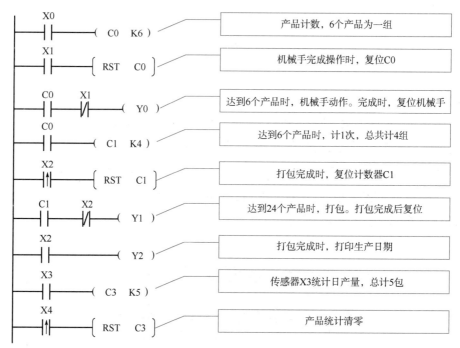

图 3-4-11　产品批量包装与产量统计程序设计

拓展提升

一、实现 5 个昼夜定时控制系统

5 个昼夜定时控制程序如图 3-4-12 所示。

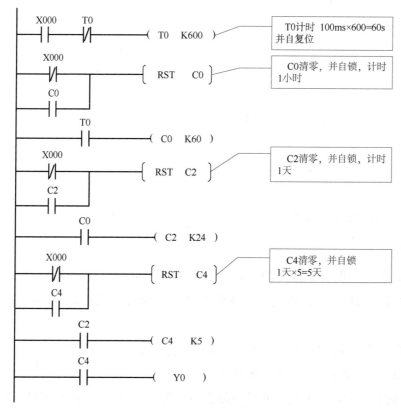

图 3-4-12　5 个昼夜定时控制程序

二、密码锁的 PLC 控制

1. 控制要求

（1）X2、X3 为可按压键。开锁条件为 X2 设定按压次数为 3 次，X3 设定按压次数为 2 次；同时，

按压 X2、X3 是有顺序的,应先按压 X2,再按压 X3。如果按上述规定按压,再按下开锁按钮 X1,密码锁自动打开。

（2）X4 为不可按压键,一旦按压,再按下开锁键 X1,报警器就会发出警报;如果 X2、X3 的按压次数不正确,按下开锁键 X1,报警器同样发出警报。

（3）X0 为复位键,按下 X0 后,可重新开锁。如果按错键,则必须进行复位操作,所有计数器都被复位。

2.程序设计并调试

✎ 任务中自己发现的问题应如何解决?

任务测评

评价内容	评价标准	分值(分)	学生互评	组长评分	教师评分
课前导学完成情况	完成质量,知识掌握情况	20			
外部接线	按照电气控制原理图接线	10			
I/O 地址分配	I/O 地址分配正确、合理	5			
程序设计	能够完成控制要求	15			
程序调试与运行	程序录入正确(5 分),符合控制要求(10 分)	15			
处理故障能力	具有创新意识(5 分),能排除故障(5 分)	10			
安全操作规范	能够规范操作(2 分),物品摆放整齐(3 分)	5			
课后巩固完成情况	完成质量(10 分),知识掌握情况(10 分)	20			
合计		100			

任务五 通风机的 PLC 控制

姓名:	班级:	日期:
自评学习效果:		

学习目标

▶ 知识目标

1. 识记 ANB、ORB 指令的功能、含义、操作元件及应用。

2. 了解逻辑电路块的梯形图和指令语句表的相互转换。

3. 了解逻辑块电路的实际应用。

▶ 能力目标

1. 能准确分析 ANB、ORB 电路的结构形式。

2. 能熟练进行逻辑电路块的梯形图和指令语句表的相互转换。

3. 能用逻辑块指令解决实际应用问题。

▶ 素质目标

1. 遵守安全规范,养成良好的安装和操作习惯。

2. 增强利用网络资源学习安装和调试的意识,培养认真钻研、求真务实的品质。

工作任务

在 PLC 梯形图程序中,两个或两个以上的触点并行连接的电路称为并联电路块;两个或两个以上的触点串行连接的电路称为串联电路块。在学习过程中,只要掌握并灵活运用所学方法,就可以迅速而准确地理解并掌握 ANB 和 ORB 指令的有关知识,在分析相关梯形图程序时达到事半功倍的效果。本任务以通风机的 PLC 控制、自动门的 PLC 控制为例,应用 ANB 和 ORB 指令解决实际应用问题。

导学结构图

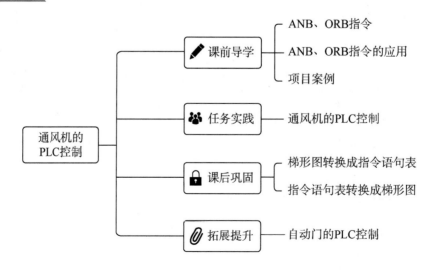

一、ANB、ORB 指令

ANB(与块)指令应用于两个或两个以上的触点并联电路之间的串联。ORB(或块)指令应用于两个或两个以上的触点串联电路之间的并联。ANB、ORB 指令一览表见表3-5-1。

ANB、ORB 指令一览表　　　　　　　　　　表 3-5-1

指令	助记符	梯形图案例	操作元件	功能
与块	ANB	X3 X1 X2 (Y1)；X0 X1 X2 X3 (Y2)	无操作元件	使电路块串联连接，即并联电路串联连接
或块	ORB	X0 (Y5)；X1 X2；X3 X1 (Y4)；M1 X3	无操作元件	使电路块并联连接，即串联电路并联连接

二、ANB、ORB 指令的应用

1. ANB 指令

(1)串联电路块左移的原因

如图3-5-1所示，串联电路块左移是为了减少 PLC 操作步数，提高运行效率。

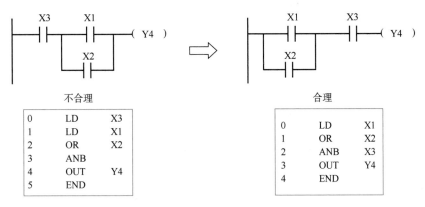

图 3-5-1　串联电路块左移

（2）ANB 指令的应用

观察图 3-5-2 中有几个串联电路块，并按其转换原则转换成指令语句表，如图 3-5-3 和图 3-5-4
所示。

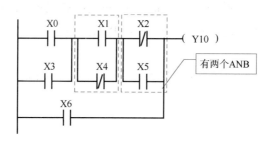

图 3-5-2　多个电路块串联

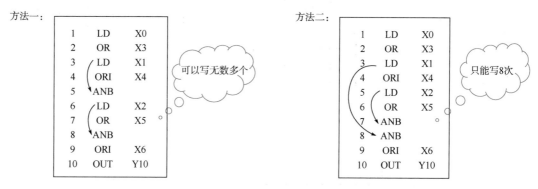

图 3-5-3　非连续应用 ANB 指令　　　　　图 3-5-4　连续应用 ANB 指令

方法一：多个电路块串联，在每一个电路块之后使用一个 ANB 指令。用这种方法编程时，使用
ANB 指令的次数无限制。

方法二：多个电路块串联，也可以将所有的电路块依次写出，然后在末尾集中使用 ANB 指令。
用这种方法编程时，ANB 指令的使用次数不超过 8 次。

（3）ANB 指令转换方法

根据定义找出串联电路块，电路块分支的起点遇见常开用 LD 指令，遇见常闭用 LDI 指令，电路
块并联支路的终点用 ANB 指令，如图 3-5-5 和图 3-5-6 所示。

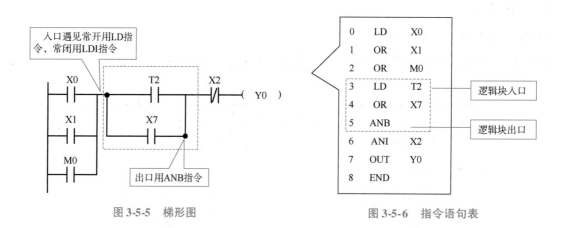

图 3-5-5　梯形图　　　　　　　　　图 3-5-6　指令语句表

2. ORB 指令

（1）并联电路块上移的原因

如图 3-5-7 所示，并联电路块上移是为了减少 PLC 操作步数，提高运行效率。

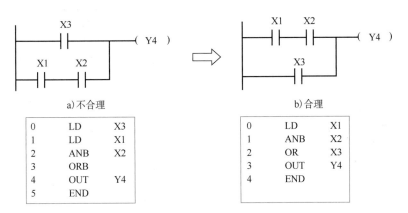

图 3-5-7　并联电路块上移

（2）ORB 指令的应用

观察图 3-5-8 中有几个并联电路块，并按其转换原则转换成指令语句表，如图 3-5-9 和图 3-5-10 所示。

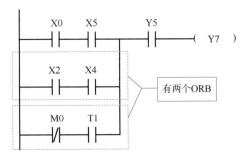

图 3-5-8　多个电路块并联

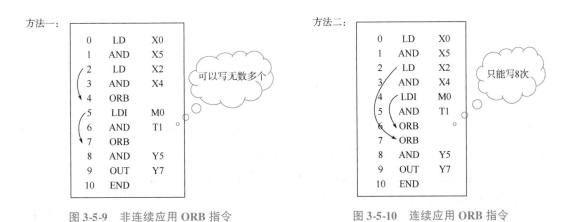

图 3-5-9　非连续应用 ORB 指令　　　　图 3-5-10　连续应用 ORB 指令

方法一：多个电路块并联，在每一个电路块之后使用一个 ORB 指令。用这种方法编程时，使用 ORB 指令的次数无限制。

方法二：多个电路块并联，也可以将所有的电路块依次写出，然后在末尾集中使用 ORB 指令。用这种方法编程时，ORB 指令的使用次数不超过 8 次。

（3）ORB 指令转换方法

根据定义找出并联电路块，电路块分支的起点遇见常开用 LD 指令，遇见常闭用 LDI 指令，电路块并联支路的终点用 ORB 指令，如图 3-5-11 和图 3-5-12 所示。

OUT 指令之后，再通过触点对其他线圈使用 OUT 指令的方式称为纵接输出。

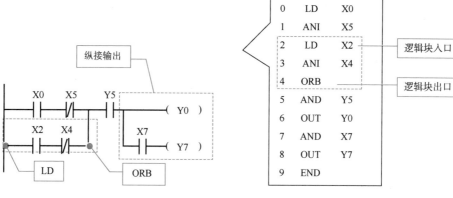

0	LD	X0
1	ANI	X5
2	LD	X2	← 逻辑块入口
3	ANI	X4
4	ORB		← 逻辑块出口
5	AND	Y5
6	OUT	Y0
7	AND	X7
8	OUT	Y7
9	END	

图 3-5-11 梯形图　　　　　　　　图 3-5-12 指令语句表

ANB、ORB 指令应用注意事项：

（1）电路块分支的起点遇见常开用 LD 指令，遇见常闭用 LDI 指令，支路的终点用 ANB 指令或 ORB 指令。

（2）ANB、ORB 指令无操作元件。

（3）如果需要将多个电路块串联或并联，在每一个电路块之后使用一个 ANB 指令或 ORB 指令。用这种方法编程时，使用 ANB 指令或 ORB 指令的次数无限制。

（4）如果需要将多个电路块串联或并联，也可以将所有的电路块依次写出，然后在末尾集中使用 ANB 指令或 ORB 指令，用这种方法编程时，ANB 指令或 ORB 指令的使用次数不超过 8 次。

（5）如果 ANB 指令和 ORB 指令混合使用，若出现嵌套，嵌套的次数不超过 8 次。

三、项目案例

车间换气系统设计

1. 控制要求

某车间要求空气压力稳定在一定范围内，所以要求只有在排气扇 M1 运转，排气气流传感器 S1 检测到排风正常后，进气扇 M2 才能开始工作，如果进气扇或者排气扇工作 10s 后，各自传感器都没有发出信号，则对应的指示灯闪烁报警。

换气控制系统示意图如图 3-5-13 所示。

2. 车间换气系统设计 I/O 端口配置表

车间换气系统设计 I/O 端口配置表见表 3-5-2。

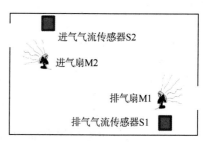

图 3-5-13 换气控制系统示意图

车间换气系统设计 I/O 端口配置表　　　　　　　表 3-5-2

输入		输出	
输入继电器	输入元件	输出继电器	输出元件
X0	启动按钮	Y0	排气扇
X1	停止按钮	Y1	进气扇
X2	排气气流传感器 S1	Y2	排气扇指示灯
X3	进气气流传感器 S2	Y3	进气扇指示灯

3.程序设计

换气控制系统程序设计如图3-5-14所示。

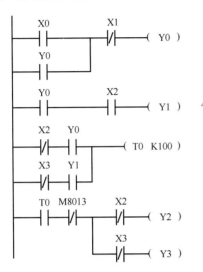

程序设计说明：

1.按下启动按钮X0，X0状态为on，Y0线圈得电自锁，排气扇得电启动，排气气流传感器S1检测到排风正常，X2得电，Y1线圈得电，进气扇工作。如果进气扇或排气扇工作均正常，则X2、X3常闭触点均断开，定时器T0不得电，不能执行计时功能；如果进气扇或者排气扇工作不正常，X2、X3只要有一个不工作，其常闭触点导通，定时器T0计时10s，10s后T0得电导通，M8013得电，对应指示灯Y2和Y3闪烁报警。

2.按下停止按钮，X1状态为on，X1常闭触点断开，风扇失电停止工作

图 3-5-14 换气控制系统程序设计

4.将图3-5-14所示的程序转换成指令语句表

任务实践

通风机是一种将机械能转变为气体的势能和动能，用于输送空气及其混合物的动力机械。

通风机的 PLC 控制

1.控制要求

3台通风机用各自的启停按钮控制其运行，并采用一个指示灯显示3台通风机的运行状态。

(1)3台电机都不运行，指示灯显示平光（持续点亮）。

(2)1台通风机运行，指示灯慢闪（设 $T = 1\text{s}$）。

(3)两台以上通风机运行，指示灯快闪（$T = 0.6\text{s}$）。

2.通风机的 PLC 控制 I/O 端口配置表

通风机的 PLC 控制 I/O 端口配置表见表 3-5-3。

通风机的 PLC 控制 I/O 端口配置表 表 3-5-3

输入			输出		
代号	功能	输入继电器	代号	功能	输出继电器
SA	监视开关	X0	KM1	1 号通风机接触器	Y0
SB1	1 号通风机启动按钮	X1	KM2	2 号通风机接触器	Y1
SB2	1 号通风机停止按钮	X2	KM3	3 号通风机接触器	Y2
SB3	2 号通风机启动按钮	X3	HL	指示灯	Y3
SB4	2 号通风机停止按钮	X4			
SB5	3 号通风机启动按钮	X5			
SB6	3 号通风机停止按钮	X6			

3. 绘制主回路和PLC 接线图

绘制主回路和PLC 接线图,如图3-5-15 所示。

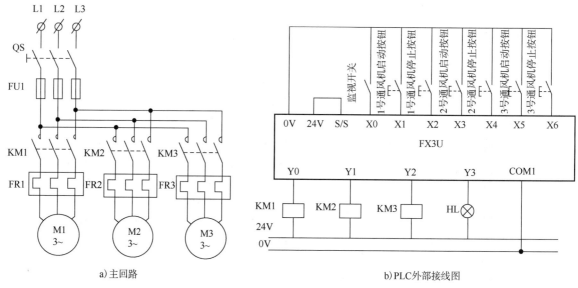

a) 主回路   b) PLC外部接线图

图 3-5-15　PLC 接线图

4. 程序设计并调试

课后巩固

一、梯形图转换成指令语句表

将图 3-5-16 所示的梯形图转换成指令语句表。

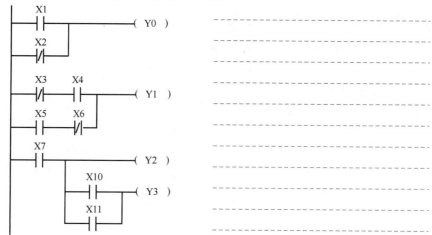

图 3-5-16　梯形图

二、指令语句表转换成梯形图

将图 3-5-17 所示的指令语句表转换成梯形图。

0	LD	X0
1	OR	X1
2	OR	M0
3	LDI	X2
4	AND	X3
5	OR	X6
6	ANB	
7	ANI	X7
8	OUT	Y1
9	END	

图 3-5-17　指令语句表

拓展提升

自动门的 PLC 控制

1. 控制要求

（1）当有人由内到外或由外到内通过光电检测开关 K1 或 K2 时，开门执行机构动作，电机正转，到达开门限位开关 K3 位置时，电机停止运行。

（2）自动门在开门位置停留 8s 后，自动进入关门过程，关门执行机构被启动电机反转，当门移动到关门限位开关 K4 位置时，电机停止运行。

（3）在关门过程中，当有人由外到内或由内到外通过光电检测开关 K2 或 K1 时，应立即停止关门，并自动进入开门程序。

（4）在门打开后的 8s 等待时间内，若有人由外到内或由内到外通过光电检测开关 K2 或 K1 时，必须重新开始等待 8s 后，再自动进入关门过程，以保证人员安全通过。

2. 自动门的 PLC 控制 I/O 端口配置表

自动门的 PLC 控制 I/O 端口配置表见表 3-5-4。

自动门的 PLC 控制 I/O 端口配置表

表 3-5-4

输入			输出		
代号	功能	输入继电器	代号	功能	输出继电器
SF1	启动开关	X0	KM1	开门执行机构	Y0
K1	门内光电检测开关	X1	KM2	关门执行机构	Y1
K2	门外光电检测开关	X2	PG1	运行指示灯	Y2
K3	开门限位开关	X3	PG2	开门指示灯	Y3
K4	关门限位开关	X4	PG3	关门指示灯	Y4

3. 程序设计

根据题目要求，结合表 3-5-4 和图 3-5-18 的逻辑导图写出程序，并模拟调试。

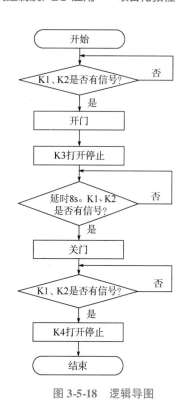

图 3-5-18　逻辑导图

✎　任务中自己发现的问题应如何解决？

任务测评

评价内容	评价标准	分值(分)	学生互评	组长评分	教师评分
课前导学完成情况	完成质量,知识掌握情况	20			
外部接线	按照电气控制原理图接线	10			
I/O 地址分配	I/O 地址分配正确、合理	5			
程序设计	能够完成控制要求	15			
程序调试与运行	程序录入正确(5 分),符合控制要求(10 分)	15			
处理故障能力	具有创新意识(5 分),能排除故障(5 分)	10			
安全操作规范	能够规范操作(2 分),物品摆放整齐(3 分)	5			
课后巩固完成情况	完成质量(10 分),知识掌握情况(10 分)	20			
合计		100			

任务六 智能抢答器的 PLC 控制

姓名：	班级：		日期：
自评学习效果：			

学习目标

▶ 知识目标

1. 熟悉 MPS、MRD、MPP 指令的含义、操作元件及应用。

2. 掌握多重输出指令的梯形图并转换成指令语句表。

3. 会应用 MPS、MRD、MPP 指令解决实际应用问题。

▶ 能力目标

1. 能进行梯形图和指令语句表的相互转换。

2. 能准确地分析多重输出指令的梯形图。

3. 能运用多重输出指令解决实际工程应用问题。

▶ 素质目标

1. 遵循安全规范,养成良好的安装和操作习惯。

2. 培养理论联系实际的能力,增强实践能力,加强团队协作能力。

工作任务

智能抢答器广泛应用在学习生活中,目前,市面上智能抢答器的控制核心部件主要有四种类型:数字电路、接触器、单片机和 PLC。其中,PLC 具有结构简单、编程容易等优点。本任务利用基本指令编程设计,实现对智能抢答器的 PLC 控制。

导学结构图

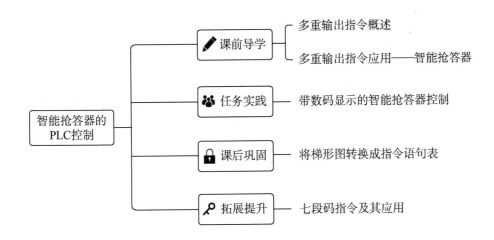

一、多重输出指令概述

1. MPS、MRD、MPP 指令介绍

多重输出指令 MPS、MRD、MPP 一览表见表3-6-1。

多重输出指令 MPS、MRD、MPP 一览表　　　　　　　表 3-6-1

指令	助记符	指令来源	操作元件	功能
进栈	MPS	push——推	无操作元件	将该时刻的运算结果压到堆栈存储器的最上层,堆栈存储器原来存储的数据依次向下自动移一层
读栈	MRD	read——读	无操作元件	将堆栈存储器中最上层的数据读出。执行 MRD 指令后,堆栈存储器中的数据不发生任何变化
出栈	MPP	pop——浮出	无操作元件	将堆栈存储器中最上层的数据取出,堆栈存储器原来存储的数据依次向上自动移一层

视频:智力抢答器

2. MPS、MRD、MPP 指令工作原理

FX3U 系列提供 11 层栈存储单元,用于存储中间运算结果,这些存储空间称为堆栈存储器。多重输出指令就是对堆栈存储器进行操作的指令。图 3-6-1 所示为多重输出指令原理图。

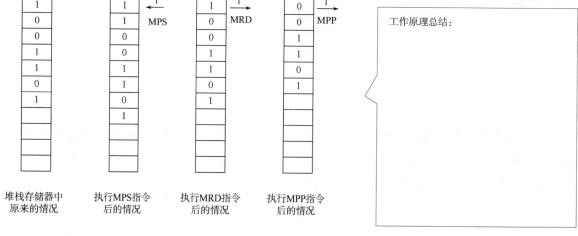

工作原理总结:

堆栈存储器中原来的情况	执行MPS指令后的情况	执行MRD指令后的情况	执行MPP指令后的情况

图 3-6-1　多重输出指令原理图

栈指令的应用:

1. MPS 指令和 MPP 指令必须成对使用,MPS 指令、MRD 指令、MPP 指令均无操作元件。

2. 当使用 MPS 指令进栈后,未使用 MPP 出栈,再次使用 MPS 指令的形式称为嵌套。因为堆栈存储器只有 11 层,所以 MPS 指令连续使用次数不超过 11 次。

3. 栈梯形图转换成指令语句表

(1)一层栈

将图 3-6-2 所示的一层栈梯形图转化成指令语句表。

图 3-6-2　一层栈梯形图

（2）带电路块的一层栈

将图 3-6-3 所示的带电路块的一层栈梯形图转换成指令语句表。

X0　X1
├┤├──┤├────────（ Y0 ）
　　　　X2
　　　├┤├──
　　　　X3
　　　├┤/├────（ Y3 ）
　　　　X4
　　　├┤├──
　　　　X5　X6
　　　├┤├──┤/├──（ Y5 ）
　　　　X6
　　　├┤├──

指令语句表：

图 3-6-3　带电路块的一层栈梯形图

（3）多重栈

将图 3-6-4 所示的多重栈（三层栈）梯形图转换成指令语句表。

X0　X1　X3　X4
├┤├──┤├──┤/├──┤├────（ Y0 ）
　　　　　　　　X2
　　　　　　　├┤/├──（ Y3 ）
　　　　X5
　　　├┤├──────────（ Y5 ）
　　X6
　├┤/├────────────（ Y6 ）
　　X7
　├┤├──

指令语句表：

图 3-6-4　多重栈梯形图

4. 对比梯形图并找出不同

对比图形并写出表 3-6-2 中电路的输出类型和相对应的指令语句表。

各电路的对比　　　　　　　　　　　　　　　　　　　　　　表 3-6-2

梯形图	输出类型	指令语句表

续上表

梯形图	输出类型	指令语句表
 　X1　　X2 　├┤├──┤├──(M0) 　　　　X3 　　　　├┤/├──(Y0) 		

二、多重输出指令应用——智能抢答器

1. 控制要求

有一个智能抢答器控制系统,主持人有一个总停止按钮S06用于控制3个抢答桌。当主持人说出题目并按动启动按钮S07后,谁先按下按钮,谁的抢答桌上的灯即亮。当主持人再按总停止按钮S06后,灯才灭(否则一直亮着)。3个抢答桌的按钮安排如下:①儿童组,抢答桌上有两个按钮S01和S02,并联形式连接,无论按哪一个,桌上的灯LD1即亮;②中学生组,抢答桌上只有一个按钮S03,且只有一个人,按下按钮S03,LD2即亮;③成人组,抢答桌上也有两个按钮S04和S05,串联形式连接,只有两个按钮都按下,抢答桌上的灯LD3才亮。当主持人将启动按钮S07按下后,10s之内有人按抢答按钮,电铃DL即响。图3-6-5所示为智能抢答器示意图。

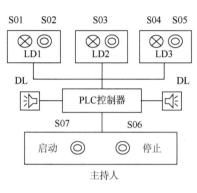

图 3-6-5　智能抢答器示意图

2. 智能抢答器 I/O 端口配置表

智能抢答器 I/O 端口配置表见表 3-6-3。

智能抢答器 I/O 端口配置表　　　　　　　　　　　　表 3-6-3

输入			输出		
代号	功能	输入继电器	代号	功能	输出继电器
S01	儿童组按钮	X0	LD1	儿童组指示灯	Y1
S02	儿童组按钮	X1	LD2	中学生组指示灯	Y2
S03	中学生组按钮	X2	LD3	成人组指示灯	Y3
S04	成人组按钮	X3	DL	电铃	Y4
S05	成人组按钮	X4			
S06	主持人总停止按钮	X5			
S07	主持人总启动按钮	X6			

3. 程序设计

逻辑要素:

主持人掌握启动、保持和停止按钮。

儿童组抢答按钮并联(只有一个按钮)。

中学生组按下即有效。

成人组抢答按钮串联。

电铃由定时器控制。

智能抢答器程序设计如图3-6-6所示。

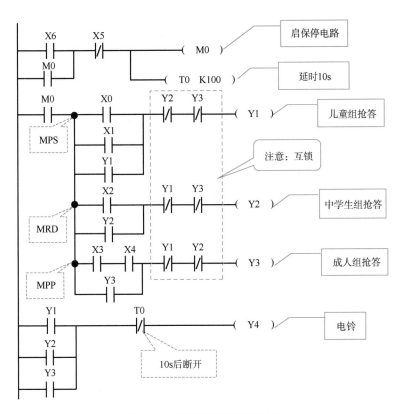

图 3-6-6　智能抢答器程序设计

任务实践

带数码显示的智能抢答器控制

1．控制要求

在主持人宣布开始,按下开始抢答按钮 SB5 后,主持人台上的绿灯点亮。如果在 10s 内有人抢答,则抢答成功的组也会有灯亮起,同时数码显示该组的组号;如果在 10s 内没人抢答,则主持人台上的红灯亮起。只有主持人再次复位后才可以进行下一轮抢答。

2．带数码显示的智能抢答器控制 I/O 端口配置表

带数码显示的智能抢答器控制 I/O 端口配置表见表 3-6-4。

带数码显示的智能抢答器控制 I/O 端口配置表 　　　　　　表 3-6-4

输入			输出		
代号	功能	输入继电器	代号	功能	输出继电器
SB1	1 组抢答按钮	X0	HL1	1 组指示灯	Y0
SB2	2 组抢答按钮	X1	HL2	2 组指示灯	Y1
SB3	3 组抢答按钮	X2	HL3	3 组指示灯	Y2
SB4	复位按钮	X3	HLG	绿灯	Y3
SB5	开始抢答按钮	X4	HLR	红灯	Y4

3．程序设计

七段码显示状态见表 3-6-5。

七段码显示状态

表 3-6-5

七段显示组成	用于七段显示的 8 位数据								七段显示
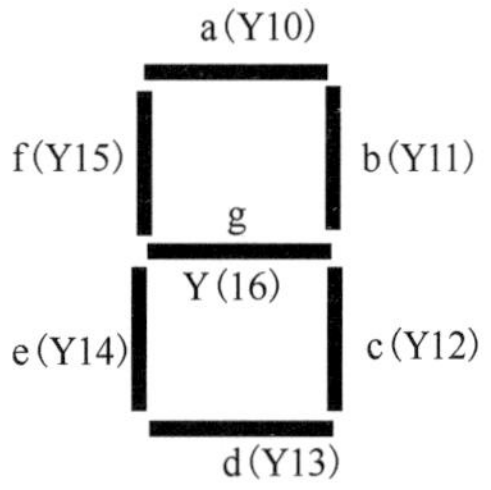	—	g	f	e	d	c	b	a	
a(Y10) f(Y15) b(Y11) g Y(16) e(Y14) c(Y12) d(Y13)	0	0	1	1	1	1	1	1	0
	0	0	0	0	0	1	1	0	1
	0	1	0	1	1	0	1	1	2
	0	1	0	0	1	1	1	1	3
	0	1	1	0	0	1	1	0	4

方法一:基本设计法。

方法二:试利用七段码指令编写智能抢答器的 PLC 控制任务(根据拓展提升所学内容设计程序)。

课后巩固

将梯形图转换成指令语句表

将图 3-6-7 所示的梯形图转换成指令语句表。

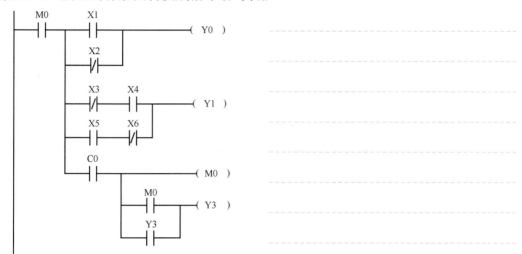

图 3-6-7　梯形图

拓展提升

七段码指令及其应用

七段码引脚分配图及 SEGD 指令格式如图 3-6-8 所示,七段码指令要素见表 3-6-6。当驱动条件成立时,把 S 中所存放的低 4 位十六进制数编译成相应的七段码保存在 D 中的低 8 位。

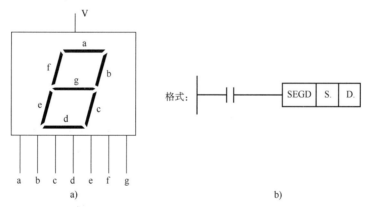

图 3-6-8　七段码引脚分配图及 SEGD 指令格式

七段码指令要素　　　　　　　　　　　　　　　　表 3-6-6

操作数	内容与取值
S.	存放译码数据或字元件地址,其低 4 位存一位 16 进制数 0 ~ F
D.	七段码存储字元件地址,其第 8 位存七段码高 8 位,为 0

例一:SEGD　K1　K2Y0　数码管显示数字 1(因为十进制 1 变为十六进制也是 1)。

　　　SEGD　K10　K2Y0　数码管显示字母 A(因为十进制 K10 变为十六进制为 A)。

例二:如图 3-6-9 所示,当 X1 接通时,数码显示数字 5。

例三:七段码控制两位数显示。

1. 控制要求

用 PLC 驱动数码管显示一个两位数的时间为 53s,然后按秒

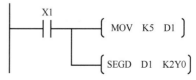

图 3-6-9　数码显示"5"的梯形图

递减至零,不断循环。

2. 七段码控制 I/O 端口配置表

七段码控制 I/O 端口配置表见表 3-6-7。

输入		输出	
输入信号	分配元件	输出信号	分配元件
启动信号	X0	十位数显示数码管	Y0、Y1、Y2、Y3、Y4、Y5、Y6
停止信号	X1	个位数显示数码管	Y10、Y11、Y12、Y13、Y14、Y15、Y16

3. PLC 的外部硬件接线图

两位数的时间显示的 PLC 外部接线图如图 3-6-10 所示。

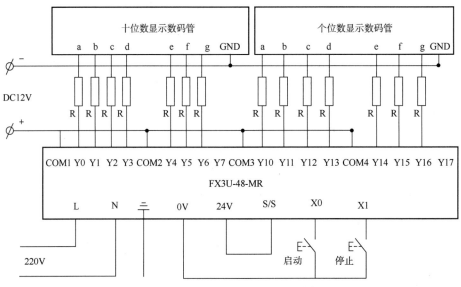

图 3-6-10　两位数的时间显示的 PLC 外部接线图

4. 程序设计

两位数显示程序如图 3-6-11 所示。

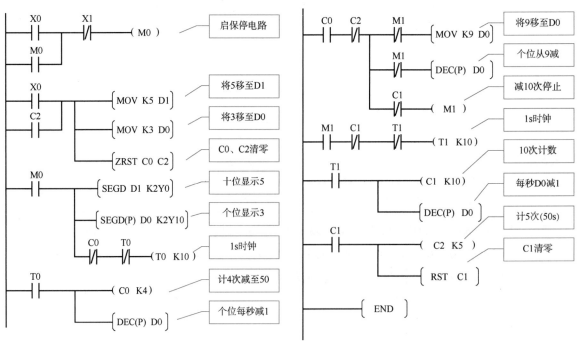

图 3-6-11　两位数显示程序

✎　**任务中自己发现的问题应如何解决?**

任务测评

评价内容	评价标准	分值(分)	学生互评	组长评分	教师评分
课前导学完成情况	完成质量,知识掌握情况	20			
外部接线	按照电气控制原理图接线	5			
I/O 地址分配	I/O 地址分配正确、合理	10			
程序设计	能够完成控制要求	15			
程序调试与运行	程序录入正确(5 分),符合控制要求(10 分)	15			
处理故障能力	具有创新意识(5 分),能排除故障(5 分)	10			
安全操作规范	能够规范操作(2 分),物品摆放整齐(3 分)	5			
课后巩固完成情况	完成质量(10 分),知识掌握情况(10 分)	20			
合计		100			

任务七 物料传送带的 PLC 控制

姓名:	班级:	日期:
自评学习效果:		

学习目标

▶ 知识目标

1. 掌握编程方法和技巧,并应用所学基本指令解决实际工程应用问题。

2. 独立完成 PLC 的 I/O 接线和调试。

3. 掌握顺序启动的两种方法,并熟练运用。

▶ 能力目标

1. 能够熟练分析题意,找准问题的切入点。

2. 能够应用学过的方法设计程序、正确接线,并利用 PLC 进行模拟和现场调试。

3. 能够发现问题,并排除故障。

▶ 素质目标

1. 通过仿真环境模拟生产过程,锻炼独立思考的能力、随机应变的能力、处理问题的能力。

2. 培养安全意识与纪律性,培养工作严谨、团结协作的敬业精神。

工作任务

现代的生产更多倾向于自动化,越来越多的生产环节都开始使用自动化机器。学生通过动手、观察、直观感受,掌握现象和结论,进一步加深对所学理论知识的理解,尝试调试自己编制的程序,并进行模拟实验。本任务主要基于 PLC 的物料传送控制系统设计,对带式运输机循环延时启动、延时逆序停止的 PLC 控制进行程序设计与调试。

导学结构图

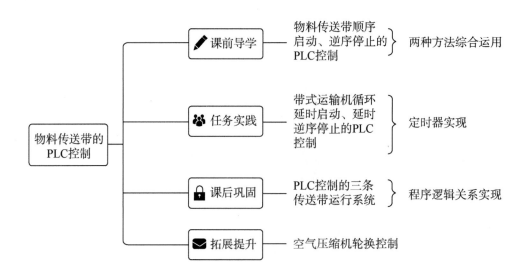

物料传送带顺序启动、逆序停止的 PLC 控制

1. 控制要求

按下启动按钮 SB1,电机 D3 开始运行并保持连续工作,被运送的物料前进;物料被传感器 3 检测到,启动电机 D2 运送物料前进;物料被传感器 2 检测到,启动电机 D1 运送物料前进;延时 3s,停止电机 D2;物料被传感器 1 检测到,延时 3s,电机 D1 停止。上述过程不断进行,直到按下停止按钮 SB2,电机 D3 立刻停止,如图 3-7-1 所示。

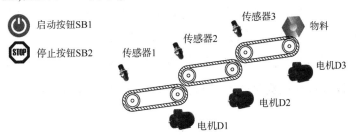

图 3-7-1 传送带控制示意图

2. 物料传送带顺序启动、逆序停止的 PLC 控制 I/O 端口配置表

物料传送带顺序启动、逆序停止的 PLC 控制 I/O 端口配置表见表 3-7-1。

物料传送带顺序启动、逆序停止的 PLC 控制 I/O 端口配置表 表 3-7-1

输入		输出	
输入设备	输入继电器	输出设备	输出继电器
启动按钮 SB1	X4	电机 D3	Y3
停止按钮 SB2	X5	电机 D2	Y2
传感器 3	X3	电机 D1	Y1
传感器 2	X2		
传感器 1	X1		

3. 程序设计

物料传送程序如图 3-7-2 所示。

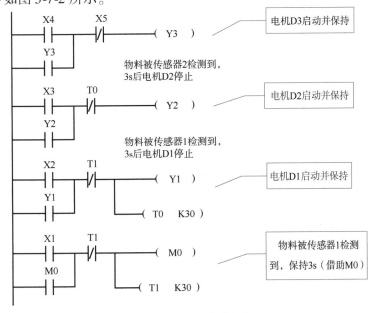

图 3-7-2 物料传送程序

任务实践

带式运输机循环延时启动、延时逆序停止的 PLC 控制

1.控制要求

某控制系统能够实现多级(4级)带式运输机循环延时启动、延时逆序停止的PLC控制,各级带式运输机分别由三相交流感应电机 M1 ~ M4 驱动。当按下启动按钮 SB1 时,1 号电机立即启动运行;延时5s后,2 号电机立即启动运行;延时10s后,3 号电机立即启动运行;延时15s后,4 号电机立即启动运行。任何时候按下停止按钮 SB2,带式运输机按启动顺序停止,相隔延时均为6s,直至所有带式运输机均停止运行。在带式传输机停止运行的过程中,如果按下启动按钮 SB1,则停止过程立即中断,带式传输机按照启动顺序延时启动,延时时间从按下启动按钮时刻算起。

2.带式运输机循环延时启动、延时逆序停止的 PLC 控制 I/O 端口配置表

根据题意和实际设备状况完成带式运输机循环延时启动、延时逆序停止的 PLC 控制 I/O 端口配置表,见表3-7-2。

带式运输机循环延时启动、延时逆序停止的 PLC 控制 I/O 端口配置表　　　　表 3-7-2

输入			输出		
代号	功能	输入继电器	代号	功能	输出继电器

3.程序设计及调试

PLC 控制的三条传送带运行系统

1. 控制要求

按下启动按钮,系统进入准备状态。当有零件经过传感器 1 时,启动传送带 1;当零件经过传感器 2 时,启动传送带 2;当零件经过传感器 3 时,启动传送带 3。如果 3 个传感器在皮带上 30s 之内未检测到零件,则需要闪烁报警。如果限位开关 1 在 1min 之内未检测到零件,则停止全部传送带。图 3-7-3 所示为传送带控制系统示意图。

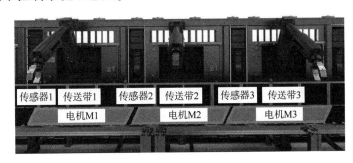

图 3-7-3　传送带控制系统示意图

2. PLC 控制的三条传送带运行系统 I/O 端口配置表

PLC 控制的三条传送带运行系统 I/O 端口配置表见表 3-7-3。

PLC 控制的三条传送带运行系统 I/O 端口配置表　　　　　　　　　　　　表 3-7-3

输入		输出	
输入设备	输入继电器	输出设备	输出继电器
启动按钮 SB1	X0	电机 M1	Y0
停止按钮 SB2	X1	电机 M2	Y1
传感器 1	X2	电机 M3	Y2
传感器 2	X3	报警灯	Y3
传感器 3	X4		

3. 程序设计并调试

空气压缩机轮换控制

空气压缩机轮换控制示意图如图 3-7-4 所示。

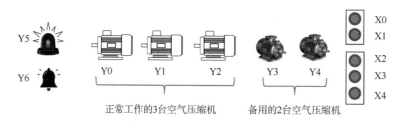

图 3-7-4 空气压缩机轮换控制示意图

1. 控制要求

本案例中该工作场所拥有 5 台空气压缩机,正常情况下需要 3 台空气压缩机才能满足需要,另外 2 台备用。当 3 台空气压缩机的任何 1 台出现故障时,2 台备用的空气压缩机将启动 1 台进行补充,并且进行灯光和声音报警。这时需要工作人员切断故障空气压缩机和 PLC 与电源的连接。

2. 空气压缩机轮换控制 I/O 端口配置表

空气压缩机轮换控制 I/O 端口配置表见表 3-7-4。

空气压缩机轮换控制 I/O 端口配置表   表 3-7-4

输入		输出	
元件	功能	元件	功能
X0	启动按钮	Y0	1 号空气压缩机接触器
X1	停止按钮	Y1	2 号空气压缩机接触器
X2	减压 1/3 压力传感器	Y2	3 号空气压缩机接触器
X3	减压 2/3 压力传感器	Y3	1 号备用空气压缩机接触器
X4	正常压力传感器	Y4	2 号备用空气压缩机接触器
X5	1 号空气压缩机切断按钮	Y5	蜂鸣器
X6	2 号空气压缩机切断按钮	Y6	闪烁灯
X7	3 号空气压缩机切断按钮		

3. 程序说明

(1)启动时,按下启动按钮 X0,X0 得电,M0 得电自锁,自动控制系统启动。此时,Y0 ~ Y2 停电自锁,3 台正常的空气压缩机启动,若工作压力正常,则正常压力传感器发出信号,X4 得电,常开触点闭合,M1 得电自锁。若出现故障,压力减少 1/3 时,减压 1/3 压力传感器发出信号,X2 得电,Y3 得电,1 台备用空气压缩机启动,并且 M2 得电,常开触点闭合,Y5、Y6 得电,蜂鸣器和闪烁灯发出报警信号。这时,工作人员需手动切断故障空气压缩机与电源的连接。以 1 号空气压缩机出现故障为例,按下切断按钮 X5,X5 得电,Y0 失电,1 号空气压缩机断电,并且 Y5、Y6 失电,报警停止。然后,工作人员需彻底切断故障设备的电源,以便安全维修。

(2)若故障发生时,压力减小 2/3,减压 1/3 压力传感器和减压 2/3 压力传感器发出信号,X2、X3 得电,2 台备用空气压缩机启动,并且 M2 得电,Y5、Y6 得电,蜂鸣器和闪烁灯发出报警信号。这时,工作人员需手动切断故障空气压缩机与电源的连接。以 1 号、2 号空气压缩机出现故障为例,按下切断按钮 X5、X6,X5、X6 得电,Y0、Y1 失电,1 号、2 号空气压缩机断电,并且 Y5、Y6 失电,报警停止。同样,工作人员需彻底切断故障设备的电源,以便安全维修。

（3）当需要彻底停止系统时,按下停止按钮 X1,X1 常闭触点断开,M0 失电,空气压缩机控制系统停止。

4.程序设计

空气压缩机轮换控制程序设计如图 3-7-5 所示。

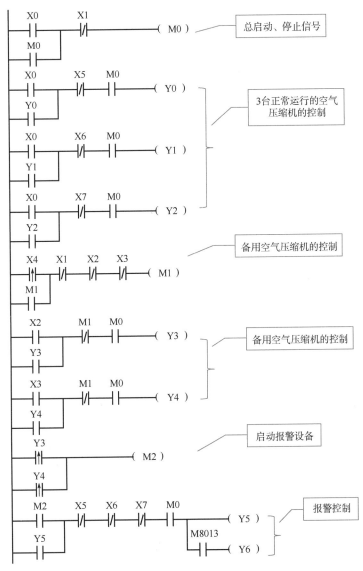

图 3-7-5 空气压缩机轮换控制程序设计

✎ **任务中自己发现的问题应如何解决?**

任务测评

评价内容	评价标准	分值(分)	学生互评	组长评分	教师评分
课前导学完成情况	完成质量,知识掌握情况	20			
外部接线	按照电气控制原理图接线	10			
I/O 地址分配	I/O 地址分配正确、合理	5			
程序设计	能够完成控制要求	15			
程序调试与运行	程序录入正确(5 分),符合控制要求(10 分)	15			
处理故障能力	具有创新意识,能排除故障	10			
安全操作规范	能够规范操作,物品摆放整齐	5			
课后巩固完成情况	完成质量(10 分),知识掌握情况(10 分)	20			
合计		100			

任务八　交通信号灯的 PLC 控制

姓名：	班级：	日期：
自评学习效果：		

学习目标

▶ 知识目标

1. 掌握 PLC 理论知识、设计方法和技巧，并应用所学解决实际工程应用问题。

2. 掌握定时器和计数器的综合应用。

3. 掌握 FX3U 系列 PLC 的 I/O 接线和调试。

▶ 能力目标

1. 能够熟练地应用定时器和计数器解决实际工程应用问题。

2. 能够进行典型电路的设计、接线，并利用 PLC 进行模拟和现场调试。

3. 能够灵活设计程序，排查故障，解决问题。

▶ 素质目标

1. 掌握规范的操作流程及方法，增强安全意识。

2. 增强利用网络资源拓展创新的意识。

工作任务

随着我国国民经济的飞速发展、人们经济收入的快速增长及生活水平的提高、城市汽车数量的急剧增加，交通事故成了人们越来越关注的问题。交通信号灯作为一种交通控制工具，在疏导车辆通行方面起着重要的作用。以单片机为核心的控制系统，其缺点是调试、故障检修和日常维护难度大，可靠性较差，易受干扰，不能适应较复杂的控制环境。如何用可靠性更高的 PLC 对交通信号灯进行控制呢？

导学结构图

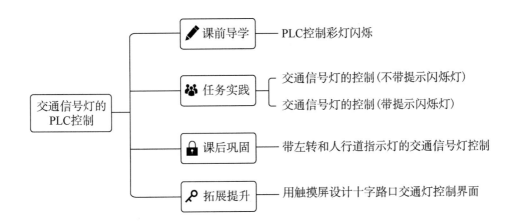

PLC 控制彩灯闪烁

1. 控制要求

（1）当启动按钮 SB1 接通时,彩灯系统 LD1～LD3 开始顺序工作。

（2）当停止按钮 SB2 按下时,彩灯全熄灭。

彩灯工作循环:LD1 彩灯亮,延时 8s 后,闪烁 3 次(每个周期中熄 0.5s,亮 0.5s)后熄灭,LD2 彩灯亮,延时 2s 后,LD3 彩灯亮;LD2 彩灯继续亮,延时 2s 后熄灭;LD3 彩灯延时 10s 后熄灭,再次循环。

2. 根据题意画时序图

时序图直观地展示了对象之间在某一时间段的工作状态,简化了烦琐的逻辑描述,有助于程序设计。图 3-8-1 为 PLC 控制彩灯闪烁时序图。

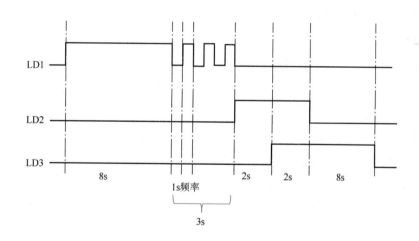

图 3-8-1　PLC 控制彩灯闪烁时序图

3. PLC 控制彩灯闪烁 I/O 端口配置表

PLC 控制彩灯闪烁 I/O 端口配置表见表 3-8-1。

PLC 控制彩灯闪烁 I/O 端口配置表 　　　　　　　　　　　　　　　　表 3-8-1

输入			输出		
代号	功能	输入继电器	代号	功能	输出继电器
SB1	启动按钮	X0	LD1	彩灯 1	Y0
SB2	停止按钮	X1	LD2	彩灯 2	Y1
			LD3	彩灯 3	Y2

方法一:时间累加方法。

采用时间累加方法的程序设计如图 3-8-2 所示。

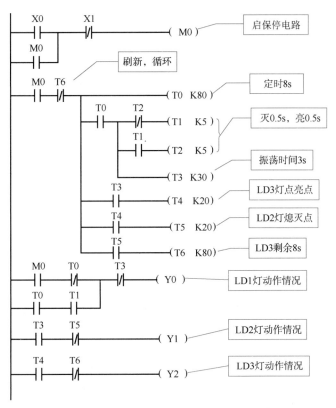

图 3-8-2 采用时间累加方法的程序设计

方法二：时间做差值方法。

采用时间做差值方法的程序设计如图 3-8-3 所示。

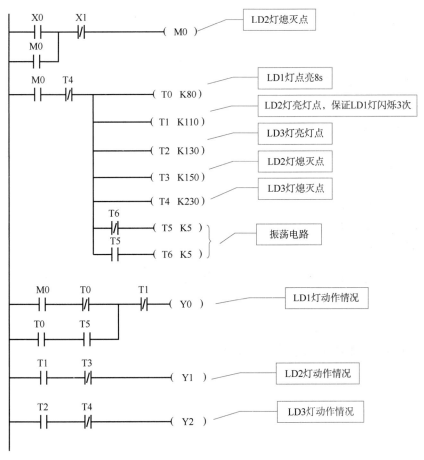

图 3-8-3 采用时间做差值方法的程序设计

软硬件调试注意事项：

硬件：

(1)线路有无错接、漏接现象。

(2)电源和通信线是否连接可靠。

(3)电器元件是否完好。

你还有什么新的发现?

软件：

(1)程序是否正确录入。

(2)内存是否清除。

(3)IP地址是否匹配。

任务实践

一、交通信号灯的控制(不带提示闪烁灯)

已知技术参数和条件：

按下启动按钮SB1,以南北红Y0为起始点,以图3-8-4所示的规律运行。交通信号灯运行一个周期为18s,南北和东西交通信号灯同时工作,按下停止按钮SB2,系统立即停止运行。

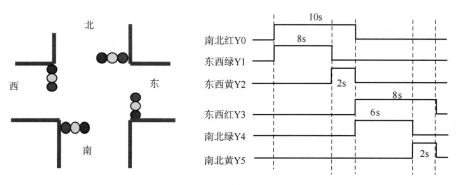

图3-8-4 交通信号灯时序图

0~8s,南北红灯、东西绿灯点亮。

9~10s,南北红灯、东西黄灯点亮。

11~16s,南北绿灯、东西红灯点亮。

17~18s,南北黄灯、东西红灯点亮。

任务和要求：

(1)设计系统的PLC外部接线。

(2)完成I/O端口配置表。

(3)设计梯形图及程序调试。

(4)写出你观察到的十字路口交通信号灯之间的运行规律。

(5)设计十字路口交通信号灯的程序,并调试。

二、交通信号灯的控制(带提示闪烁灯)

1. 控制要求

交通信号灯运行一个周期为38s,南北和东西交通信号灯同时工作,按下启动按钮,系统工作。交通信号灯时序图如图3-8-5所示;按下停止按钮,系统立即停止工作。

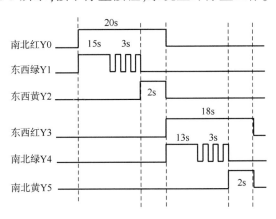

图 3-8-5　交通信号灯时序图

南北红灯与东西绿灯同时点亮,南北红灯点亮20s后停止。东西绿灯点亮15s时,按每秒的频率闪烁3次停止,点亮东西黄灯。接着东西黄灯点亮2s停止,点亮东西红灯与南北绿灯。

东西红灯点亮18s后停止。南北绿灯点亮13s时,按每秒的频率闪烁3次停止,点亮南北黄灯。南北黄灯点亮2s停止,点亮南北红灯与东西绿灯。

返回第一点循环工作,直至停止按钮被按下,系统停止运行。

2. 程序设计并调试

课后巩固

带左转和人行道指示灯的交通信号灯控制

运用所学知识,设计一个十字路口交通信号灯控制系统电路,要求使用三菱PLC进行控制,能够指挥车辆在十字路口完成左转和不同路口的直行。交通信号灯控制示意图如图3-8-6所示(为了图面清楚,减少对面灯的绘制)。

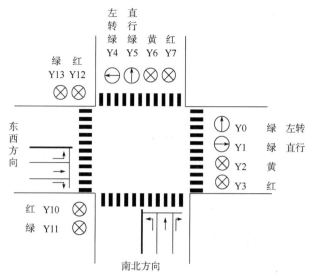

图 3-8-6　交通信号灯控制示意图

1. 控制要求

当按下启动按钮时,首先东西方向通行,南北方向禁止通行,东西方向车道的直行绿灯亮,汽车直行,20s 后直行绿灯闪烁 3s,随后黄灯亮 3s;接着车道的左转绿灯亮,20s 后左转灯按每秒的频率闪烁 3 次,随后黄灯按每秒的频率闪烁 3 次;在东西方向车道直行绿灯亮和闪烁的同时,东西方向人行道的绿灯同时亮和闪烁。东西方向禁止通行后,转入南北向车道、人行道的通行,顺序与东西方向相同。本任务研究用 PLC 来控制十字路口的交通信号灯。

2. 程序设计并调试

拓展提升

用触摸屏设计十字路口交通灯控制界面

(1)应用 MCGS 组态软件制作图 3-8-7 所示的登录界面(可以不具备功能)。其中包括 Logo、标题、用户登录窗口、"进入显示界面"按钮等,尽量和原图保持一致。"进入显示界面"按钮具有切换页功能。

(2)应用 MCGS 组态软件制作图 3-8-8 所示的显示界面,并根据图 3-8-7 所示的控制要求,实现其控制和监控功能。

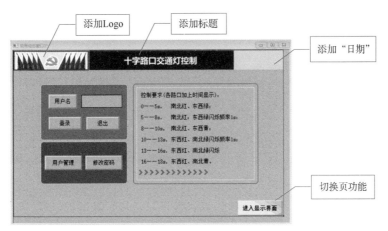

图 3-8-7 登录界面

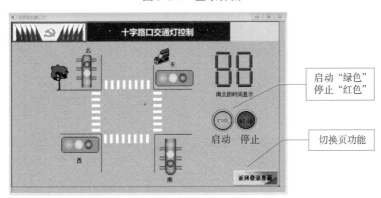

图 3-8-8 显示界面

✎ 任务中自己发现的问题应如何解决？

任务测评

评价内容	评价标准	分值(分)	学生互评	组长评分	教师评分
课前导学完成情况	完成质量,知识掌握情况	20			
外部接线	按照电气控制原理图接线	10			
I/O 地址分配	I/O 地址分配正确、合理	5			
程序设计	能够完成控制要求	15			
程序调试与运行	程序录入正确(5 分),符合控制要求(10 分)	15			
处理故障能力	具有创新意识,能排除故障	10			
安全操作规范	能够规范操作(2 分),物品摆放整齐(3 分)	5			
课后巩固完成情况	完成质量(10 分),知识掌握情况(10 分)	20			
合计		100			

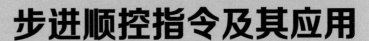

项目四

步进顺控指令及其应用

项目描述

大部分工业控制系统都是顺序控制系统(顺控系统)。通俗地讲,顺序控制系统就是在整个生产过程中,确定系统应该先做什么,再做什么,最后做什么,即将整个生产过程按顺序进行步骤化,每个步骤对应一个控制任务,各步骤之间都有转移方向与转移条件。基于顺序控制系统的任务可以步骤化的特点,各种品牌PLC都开发了与顺序控制程序有关的指令。

▶ 知识目标

1. 掌握顺序功能图的基本组成。

2. 掌握顺序功能图的编程方法。

3. 掌握步进顺序控制指令及梯形图设计。

▶ 技能目标

1. 能够使用FX3U系列PLC内部软元件资源。

2. 根据任务要求,绘制正确的顺序功能图。

3. 能够熟练操作编程软件。

4. 能够利用步进指令进行顺序控制的程序编写。

5. 能够运用步进指令完成任务的程序设计、接线、运行和调试。

▶ 职业素养

1. 养成安全规范地使用PLC进行程序设计的习惯。

2. 培养严谨细致、一丝不苟、实事求是的科学态度和探索精神。

3. 增强安全操作意识,形成严谨认真的职业、工作态度。

4. 培养动手操作能力和解决问题的能力。

项目导图

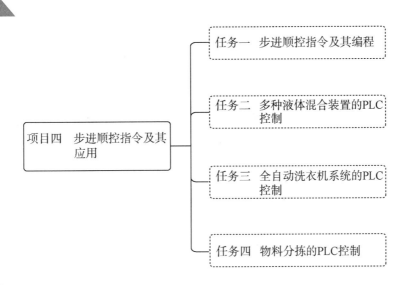

任务一　步进顺控指令及其编程

姓名：	班级：	日期：
自评学习效果：		

学习目标

▶ 知识目标

1. 掌握顺序功能图的基本组成。

2. 熟悉步进顺序控制指令 STL 和 RET 的功能。

3. 了解 PLC 顺序控制程序的几种编程方法。

▶ 能力目标

1. 能分辨结构图的种类,并能将其顺序功能图转换成梯形图。

2. 能完成简单顺序控制任务。

3. 能根据要求绘制出单流程结构图。

▶ 素质目标

1. 培养学习新知识的能力,提高综合职业能力。

2. 培养独立思考、应用不同方法解决同一问题的能力。

工作任务

在 PLC 技术的应用背景下,电气工程企业充分利用顺序控制系统,实现对电气工程的顺序控制,并取得了显著的顺序控制效果。在 PLC 编程中,一些控制要求顺序性很强的工艺或者重复出现某个输出动作的生产工艺,如果采用基本指令编程,不仅编程思路复杂,不容易实现,还可能出现双线圈输出等错误。如果采用步进顺序控制指令编程,不仅思路清晰、简单易学,而且按照步骤进行,不容易出现生产工艺顺序混乱等情况。

导学结构图

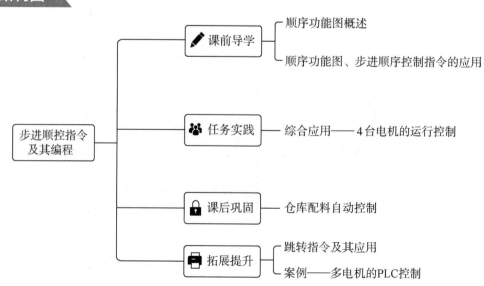

课前导学

一、顺序功能图概述

顺序功能图(也叫状态图),简称 SFC,是顺序控制程序设计的一种图形语言,用于描述控制流程功能和特性。

1. 顺序功能图的相关定义

(1)每一个生产过程的控制程序均可分为若干个阶段,这些阶段称为状态。

(2)状态寄存器 S(也称状态元件)是用于步进顺序控制编程的重要软元件,随状态动作的转移,原状态元件自动复位。状态元件的常开、常闭触点使用次数无限制。

(3)状态寄存器 S 与步进接点指令(STL)配合使用。通常状态寄存器软元件有下面五种类型:

①初始状态寄存器 S0 ~ S9(共 10 点)。

②通用型状态寄存器 S10 ~ S499(共 490 点)。

③停电保持状态寄存器 S500 ~ S899(共 400 点)。

④报警用状态寄存器 S900 ~ S999(共 100 点)。

⑤保持待用状态寄存器 S1000 ~ S4095(共 3096 点)。

视频:顺控指令及编程

注意:状态寄存器的触点使用次数不限。不用步进指令时,状态寄存器 S 可以像辅助继电器 M 一样在程序中使用。

2. 顺序功能图的四个基本要素

顺序功能图包括状态、状态转移方向、状态转移条件、被驱动的元件四个基本要素,如图 4-1-1 所示。

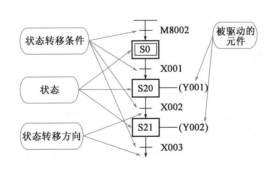

图 4-1-1　顺序功能图的四要素

(1)状态:又称步,可分为初始状态和一般状态。图 4-1-1 中的 S0 为初始状态,S20 和 S21 为一般状态。其中,初始状态用双线矩形框表示,是顺序功能图的第一个状态步,即系统等待启动命令的状态。一般状态用单线矩形框表示,除初始状态之外,其他均为一般状态。

(2)状态转移方向:用有向线段表示,其方向一般默认为从上到下,所以表示从上到下的有向线段的箭头可省略。除此之外,其他有向连线一般需带箭头。

(3)状态转移条件:表示为垂直于状态转移方向的短线。状态与状态之间的转移必须在转移条件满足的情况下才可以进行。例如,图 4-1-1 中的状态 S20 要转移到状态 S21,X002 就必须接通。转移条件不一定是单个,也可以是多个。

(4)被驱动的元件:指每一个状态中的命令与动作,即每一个状态的控制要求,以及完成该要求对应的程序。被驱动的元件用相应的文字符号写在状态框的右边,并用直线与状态框连接。

3.顺序功能图的结构

(1)单序列:按顺序排列的状态并相继激活的结构形式,如图4-1-2所示。

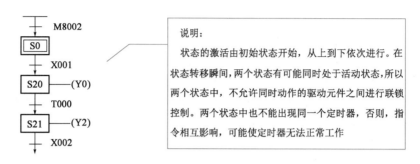

说明:

状态的激活由初始状态开始,从上到下依次进行。在状态转移瞬间,两个状态有可能同时处于活动状态,所以两个状态中,不允许同时动作的驱动元件之间进行联锁控制。两个状态中也不能出现同一个定时器,否则,指令相互影响,可能使定时器无法正常工作

图 4-1-2 单序列

(2)选择序列:一个活动状态之后,紧接着有几个可供选择的后续状态的结构形式,如图4-1-3所示。

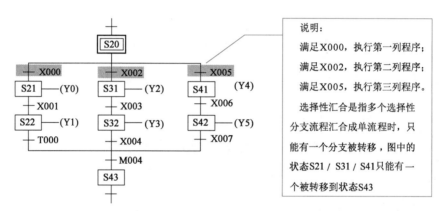

说明:

满足X000,执行第一列程序;

满足X002,执行第二列程序;

满足X005,执行第三列程序。

选择性汇合是指多个选择性分支流程汇合成单流程时,只能有一个分支被转移,图中的状态S21/S31/S41只能有一个被转移到状态S43

图 4-1-3 选择序列

(3)并行序列:当转换条件成立时,有几个分支同时被激活的结构形式,如图4-1-4所示。

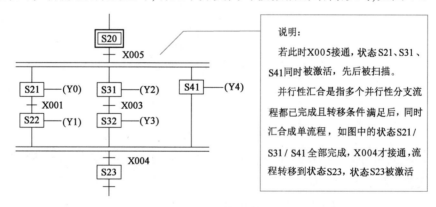

说明:

若此时X005接通,状态S21、S31、S41同时被激活,先后被扫描。

并行性汇合是指多个并行性分支流程都已完成且转移条件满足后,同时汇合成单流程,如图中的状态S21/S31/S41全部完成,X004才接通,流程转移到状态S23,状态S23被激活

图 4-1-4 并行序列

(4)跳转、循环和重复序列:

①向下面状态直接转移或向序列外的状态转移被称为跳转,图中用箭头指向转移的目标状态,如图4-1-5所示。

②向前面状态转移的流程称为循环,图中用箭头指向转移的目标状态,如图4-1-6所示。使用循环流程可以实现一般的重复。

③完成一个循环周期,向初始状态转移的流程称为重复,图中用箭头指向转移的目标状态,如图 4-1-7 所示。

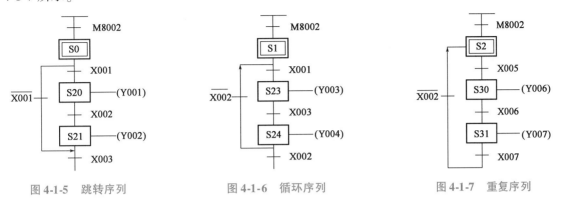

图 4-1-5　跳转序列　　　　图 4-1-6　循环序列　　　　图 4-1-7　重复序列

二、顺序功能图、步进顺序控制指令的应用

1. 顺序功能图的应用

应用顺序功能图解决实际工程应用问题时,一般从以下环节入手:

第一步:分析题意,了解工艺流程和控制要求。

第二步:根据时间变化、工艺流程变化等划分工作状态。

第三步:进行 I/O 配置。

第四步:根据控制系统的工艺要求,绘制顺序功能图。

第五步:将顺序功能图转换成梯形图。

第六步:录入程序,调试验证。

案例:电机运行控制

(1)控制要求

有一台电机,要求在按下启动按钮 SB1(X1)后,电机(Y1)运转 3s,停止 2s;重复循环 3 个周期自行停止;或者按下停止按钮 SB2(X2),电机立即停止。

(2)电机运行控制 I/O 端口配置表

电机运行控制 I/O 端口配置表见表 4-1-1。

电机运行控制 I/O 端口配置表　　　　　　　　　　　　　　表 4-1-1

输入		输出	
输入设备	输入继电器	输出设备	输出继电器
启动按钮 SB1	X1	电机	Y1
停止按钮 SB2	X2		

(3)程序设计

对于初学者,可以采用图 4-1-8 中图 a)的方法,先根据题意写出控制流程图,再转换成顺序功能图,如图 4-1-8 中图 b)所示。

GX Works2 支持顺序功能图的直接录入,还可以将顺序功能图转换为梯形图录入。转换过程中应用到步进顺序控制指令 STL 和 RET。

2. 步进顺序控制指令的应用

步进顺序控制指令一览表见表 4-1-2。

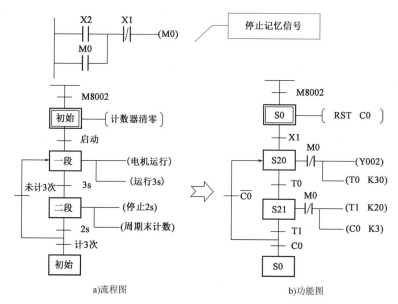

a)流程图　　　　　　　　　　　b)功能图

图 4-1-8　电机控制程序

步进顺序控制指令一览表　　　　　　　　　　　表 4-1-2

指令	助记符	梯形图	操作元件	功能
步进接点指令	STL	X0 —[SET S21] —[STL S21]	S	从左母线连接步进接点
步进返回指令	RET	(Y0) X1 —[SET S0] —[RET]	无操作元件	使由 STL 指令所形成的副母线复位

注意:STL 和 RET 指令必须成对使用。

与基本指令不同,顺序控制指令 STL 之后的线圈输出不需要通过 M8002 触点,被驱动的线圈或指令直接可与左母线相连。

(1)步进接点指令 STL

步进接点指令 STL:从左母线连接步进接点。STL 指令的操作元件为状态寄存器 S。

图 4-1-9 所示为步进接点指令 STL 的应用,即由顺序功能图的梯形图转换成指令语句表。步进接点只有常开触点,没有常闭触点。步进接点要接通,应采用 SET 指令进行置位,与母线相连的接点应以 LD 指令或 LDI 指令为起始,与副母线相连的线圈可不经过触点直接进行驱动。

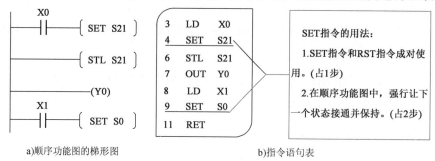

a)顺序功能图的梯形图　　　　　　　　b)指令语句表

图 4-1-9　步进接点指令 STL 的应用

（2）步进返回指令 RET

步进返回指令 RET:使由 STL 指令所形成的电路块复位。RET 指令无操作元件。虽然 STL 指令和 RET 指令必须成对使用,但步进接点指令具有主控和跳转作用,因此不必在每一条 STL 指令后都加一条 RET 指令,只需要在最后使用一条 RET 指令就可以了。步进返回指令 RET 的应用如图 4-1-10 所示。

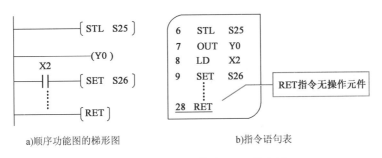

a)顺序功能图的梯形图　　b)指令语句表

图 4-1-10　步进返回指令 RET 的应用

3.顺序功能图的转换

根据以上所学内容,将图 4-1-11 所示的顺序功能图转换成顺序功能图的梯形图。

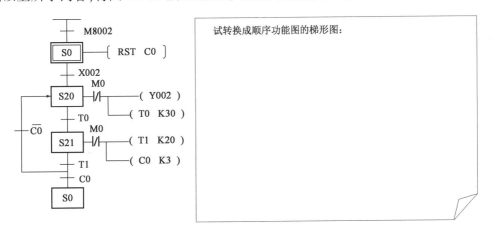

图 4-1-11　顺序功能图的转换

 顺序功能图注意事项:

（1）每一个状态都是由一个状态元件控制的,以确保状态控制正常进行。

（2）每一个状态都具有驱动元件的能力,能够使该状态下要驱动的元件正常工作,当然不一定每个状态下一定要驱动元件(如初始状态),应视具体情况而定。

（3）每一个状态在转移条件满足时都会转移到下一个状态,而原状态自动切除。

（4）在状态转移过程中,在一个扫描周期内会出现两个状态同时动作的可能性,因此两个状态中不允许同时动作的驱动元件之间进行联锁控制。

（5）在一个扫描周期内,可能会出现两个状态同时动作,因此在相邻两个状态中不能出现同一个定时器,否则指令相互影响,可能使定时器无法正常工作。

任务实践

综合应用——4 台电机的运行控制

1.控制要求

（1）按下启动按钮 SB1,电机 M1 启动。

（2）按下启动按钮SB2，电机M2启动，而电机M1由转换开关SA1决定。若SA1状态为off，电机M1继续运行；若SA1状态为on时，电机M1停止运行。

（3）按下启动按钮SB3，电机M1和电机M2停止运行，电机M3运行3s之后，电机M3停止运行，电机M4开始运行。

（4）此时才可以按下停止按钮SB4，整个系统停止运行。

2.4台电机的运行控制I/O端口配置表

4台电机的运行控制I/O端口配置表见表4-1-3。

4台电机的运行控制I/O端口配置表　　　　　　　　　表4-1-3

输入			输出		
代号	功能	输入继电器	代号	功能	输出继电器
SB1	电机M1的启动按钮	X0	KM1	电机M1控制接触器	Y0
SB2	电机M2的启动按钮	X1	KM2	电机M2控制接触器	Y1
SB3	电机M3的启动按钮	X2	KM3	电机M3控制接触器	Y2
SB4	电机M4的停止按钮	X3	KM4	电机M4控制接触器	Y3
SA1	转换开关	X4			

3.程序设计

（1）顺序功能图的设计

采用对比法设计程序，4台电机运行顺序功能图如图4-1-12所示。

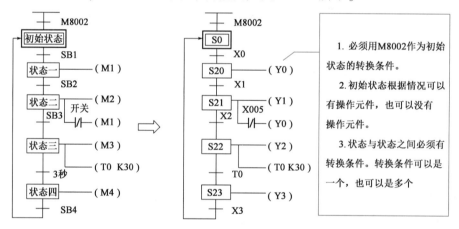

图4-1-12　4台电机运行顺序功能图

（2）顺序功能图转换成梯形图

将顺序功能图转换成对应的梯形图，4台电机运行顺序功能图的梯形图如图4-1-13所示。

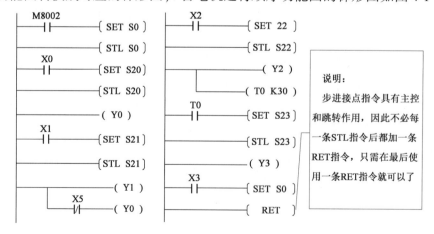

图4-1-13　4台电机运行顺序功能图的梯形图

（3）将顺序功能图的梯形图转换成指令语句表

将顺序功能图的梯形图转换成指令语句表，如图 4-1-14 所示。

0	LD	M8002
1	**SET**	**S0**
3	STL	S0
4	LD	X0
5	**SET**	**S20**
7	STL	S20
8	OUT	Y0
9	LD	X1
10	**SET**	**S21**
12	STL	S21
13	OUT	Y1
14	LDI	X5
15	OUT	Y0

16	LD	X2	
17	**SET**	**S22**	
19	STL	S22	
20	OUT	Y2	
21	OUT	T0	K30
24	LD	T0	
25	**SET**	**S23**	
27	STL	S23	
28	OUT	Y3	
29	LD	X3	
30	OUT	S0	
31	**RET**		
32	END		

1. SET指令占两步。

2. 定时器线圈占3步。

3. RET指令无操作元件。

4. 使用STL指令相当于建立了一条子母线，要用LD指令（常开触点）或LDI指令（常闭触点）从子母线上开始编程

图 4-1-14　指令语句表

课后巩固

仓库配料自动控制

1.控制要求

仓库配料小车按照图 4-1-15 的控制要求运行，当按下启动按钮 SB1 时，仓库配料小车将从 1 号仓库开始运行至料场，机械手卸料 5s，5s 后仓库配料小车右行前往 2 号仓库，在 2 号仓库装料 3s，之后返回料场。卸料时间同样为 5s，接着返回 1 号仓库。中途若按下停止按钮，仓库配料小车完成一个周期后停止。若不按停止按钮，仓库配料小车完成 3 个周期后自行停止。仓库配料小车运行示意图如图 4-1-15 所示。

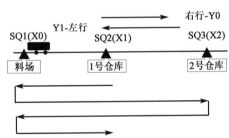

图 4-1-15　仓库配料小车运行示意图

2.仓库配料自动控制 I/O 端口配置表

请根据题意完成仓库配料自动控制 I/O 端口配置表，见表 4-1-4。

仓库配料自动控制 I/O 端口配置表　　　　　　　表 4-1-4

输入		输出	
输入设备	输入继电器	输出设备	输出继电器

3.顺序功能图设计及转换

拓展提升

一、跳转指令及其应用

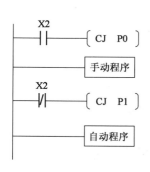

图 4-1-16　跳转指令
使用说明

跳转指令的功能是根据不同的逻辑条件,选择性地执行不同的程序。跳转指令可以使程序结构更加灵活,减少扫描时间,从而提高系统的响应速度。

执行跳转需要用跳转开始指令 CJ 和跳转标志号 Pn 的配合使用。其中 n 是标号地址,n 取值范围为 0~128。

跳转指令使用说明如图 4-1-16 所示。其中,X2 为方式选择开关。若 X2 状态为 on,则常开触点 X2 闭合,执行手动程序。当 X0 断开时,执行自动程序。

使用条件跳转指令的几点注意事项:

(1)由于跳转指令具有选择执行程序段的功能,在同一程序中且位于因跳转而不会被同时执行程序段中的同一线圈不被视为双线圈。

(2)可以有多条跳转指令使用同一标号。

(3)标号可以设在相关的跳转指令之后或之前。

(4)使用 CJ(P)指令,跳转只执行一个扫描周期,但若用特殊辅助继电器 M8000 作为跳转指令的工作条件,跳转称为无条件跳转。

(5)在编写跳转程序的指令语句表时,标号需占一行。

二、案例——多电机的 PLC 控制

1. 控制要求

需要手动和自动两种方式控制。

手动控制方式:分别用每台电机的启动和停止按钮控制电机 M1~M3 的启停状态。

自动控制方式:按下启动按钮,电机 M1~M3 每隔 5s 依次启动;按下停止按钮,电机 M1~M3 同时停止。

2. PLC 的外部图

多电机的 PLC 控制外部接线图如图 4-1-17 所示。

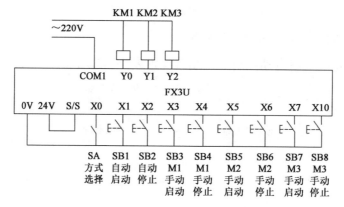

图 4-1-17　多电机的 PLC 控制外部接线图

3. 程序设计

多电机的 PLC 控制程序设计如图 4-1-18 所示。

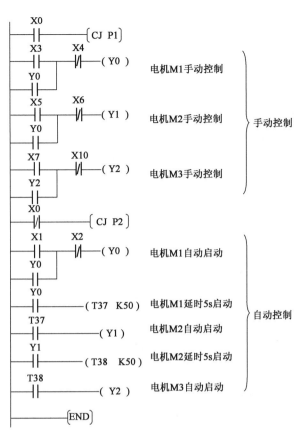

电机M1手动控制
电机M2手动控制 } 手动控制
电机M3手动控制

电机M1自动启动
电机M1延时5s启动
电机M2自动启动 } 自动控制
电机M2延时5s启动
电机M3自动启动

图 4-1-18　多电机的 PLC 控制程序设计

✎　任务中自己发现的问题应如何解决？

──

──

──

──

任务测评

评价内容	评价标准	分值(分)	学生互评	组长评分	教师评分
课前导学完成情况	完成质量,知识掌握情况	20			
外部接线	按照电气控制原理图接线	10			
I/O 地址分配	I/O 地址分配正确、合理	5			
程序设计	能够完成控制要求	15			
程序调试与运行	程序录入正确(5 分),符合控制要求(10 分)	15			
处理故障能力	具有创新意识,能排除故障	10			
安全操作规范	能够规范操作,物品摆放整齐	5			
课后巩固完成情况	完成质量(10 分),知识掌握情况(10 分)	20			
合计		100			

任务二　多种液体混合装置的 PLC 控制

姓名：	班级：		日期：
自评学习效果：			

学习目标

▶ 知识目标

1. 掌握多种液体混合装置的 PLC 控制方法。

2. 掌握循环和跳转序列顺序功能图转换成梯形图的方法。

▶ 能力目标

1. 能够根据题意准确地选用对应序列的顺序功能图。

2. 能够将不同结构的顺序功能图转换成对应的梯形图。

3. 能够进行程序的模拟仿真和现场调试。

▶ 素质目标

1. 培养运用相关理论知识解决实际问题的能力。

2. 培养查阅图书资料、从网络上获取准确信息的能力。

3. 遵循安全规范,养成良好的操作习惯。

工作任务

根据多种液体混合装置不同的液体配比及控制加工等要求,完成系统控制程序的设计,实现加工工序的自动化控制。液体混合控制系统可以应用于化工、制药、食品等领域,实现多种液体的混合控制。本任务重点介绍多种液体混合控制系统设计。

导学结构图

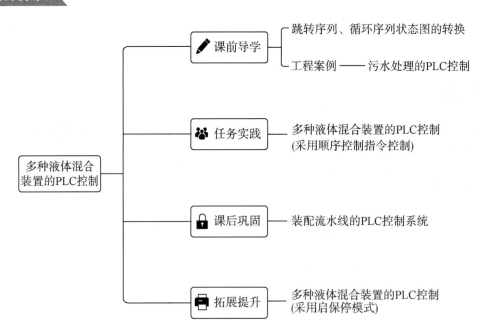

一、跳转序列、循环序列状态图的转换

1.跳转序列的状态图转换成梯形图

图 4-2-1 所示为跳转序列的状态图,图 4-2-2 所示为转化成的跳转序列的梯形图。

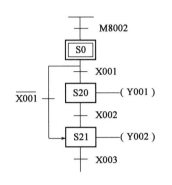

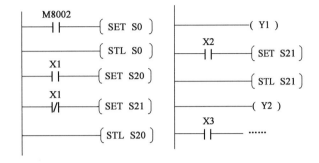

图 4-2-1 跳转序列的状态图　　　　　　　图 4-2-2 跳转序列的梯形图

2.循环序列的状态图转换成梯形图

图 4-2-3 所示为循环序列的状态图,图 4-2-4 所示为转化成的循环序列的梯形图。

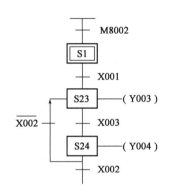

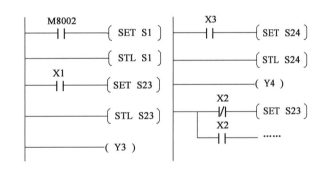

图 4-2-3 循环序列的状态图　　　　　　　图 4-2-4 循环序列的梯形图

二、工程案例——污水处理的 PLC 控制

污水处理工艺和控制过程:按下启动按钮 SB1,污水泵启动,污水到位后(由位置开关 SQ1 控制)污水泵停;1 号除污剂泵启动,1 号除污剂到位(SQ2 控制)关闭。根据污水程度选择主令开关 SA(1 位为轻度污水,2 位为重度污水)决定除污剂添加方法:如果是轻度污水,则启动搅拌泵直接进行处理;如果是重度污水,则先启动 2 号除污剂泵,待 2 号除污剂到位(SQ3 检测)关闭该除污剂泵后再启动搅拌泵进行处理。搅拌泵运行 10s 后关闭,然后启动放水泵放水至低位(SQ4 检测),关闭放水泵延时 1s,罐底打开,污物自动落下,计数器累加 1,延时 4s 关闭。至此排污工艺一个循环结束。

若计数器值不到 5 次,则延时 2s,继续进行污水处理和排放;若计数器值达到 5 次,则延时 2s 后启动污物小车,再延时 6s 后继续进行污水处理循环。如果中途按下停止按钮 SB2,则完成本次排污,关闭罐底门后延时 2s 停止污水处理过程。

1.污水处理的 PLC 控制 I/O 端口配置表

污水处理的 PLC 控制 I/O 端口配置表见表 4-2-1。

输入			输出		
代号	功能	输入继电器	代号	功能	输出继电器
SB1	启动按钮	X0	KM0	污水泵	Y0
SB2	停止按钮	X7	KM1	1 号除污剂泵	Y1
SQ1	污水位	X1	KM2	2 号除污剂泵	Y2
SQ2	1 号除污剂位	X2	KM3	搅拌泵	Y3
SQ3	2 号除污剂位	X3	KM4	放水泵	Y4
SQ4	放水位	X4	KM5	罐底门	Y5
SA-1	开关 1	X5	KM6	小车	Y6
SA-2	开关 2	X6			

2. 程序设计

污水处理的 PLC 控制程序设计如图 4-2-5 所示。

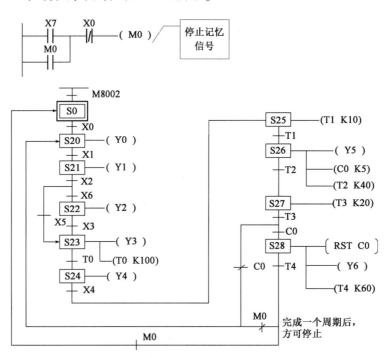

图 4-2-5　污水处理的 PLC 控制程序设计

 总结:顺序控制停止的方式有以下三种:

(1)按下停止按钮后立即停止。

(2)按下停止按钮完成一个周期后停止。

(3)完成几个周期后自动停止。

任务实践

多种液体混合装置的 PLC 控制(采用顺序控制指令控制)

1. 控制要求

多种液体混合装置的 PLC 控制适用于饮料、药厂、酒厂的配液等。图 4-2-6 所示为多种液体混合装置示意图。其中,SL1、SL2、SL3 为液位传感器;液面淹没时接通,两种液体的输入和混合液体放液阀门分别由放液电磁阀 YV1、YV2、YV3 控制;M 为搅匀电机,用于驱动桨叶将液体搅拌均匀。

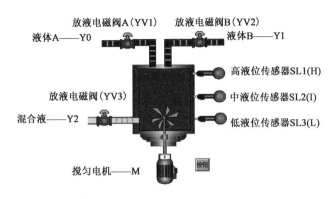

图 4-2-6　多种液体混合装置示意图

（1）初始状态

当装置投入运行时,液体 A、液体 B 阀门关闭(YV1 = YV2 = off),混合液体放液阀门打开(YV3 = on)20s,将容器内残余液体放空后关闭。

（2）启动操作

按下启动按钮 SB1,多种液体混合装置开始按下列给定程序操作。

①YV1 = on,液体 A 流入容器,液面上升。

②当液面达到 I 处时,SL2 = on,使 YV1 = off,YV2 = on,即关闭液体 A 阀门,打开液体 B 阀门,禁止液体 A 流入,使液体 B 流入容器,液面上升。

③当液面达到 H 处时,SL1 = on,使 YV2 = off,搅匀电机开始工作,即关闭液体 B 阀门,液体停止流入,开始搅拌。

④搅匀电机工作 15s 后,停止搅拌,放液阀门打开(YV3 = on),开始放液,液面开始下降。

⑤当液面下降到 L 处时,SL3 由 on 变到 off,再过 10s,容器放空,放液阀门关闭(YV3 = off),开始下一个循环周期。

（3）停止操作

在工作过程中,按下停止按钮 SB2,装置并不立即停止工作,而是将当前容器内的混合工作处理完毕后(当前周期循环到底)才停止操作,即停在初始位置上,否则会造成浪费。

2. 多种液体混合装置的 PLC 控制 I/O 端口配置表

多种液体混合装置的 PLC 控制 I/O 端口配置表见表 4-2-2。

多种液体混合装置的 PLC 控制 I/O 端口配置表　　　　表 4-2-2

输入			输出		
代号	功能	输入继电器	代号	功能	输出继电器
SB1	启动按钮	X0	YV1	放液电磁阀 A	Y0
SB2	停止按钮	X1	YV2	放液电磁阀 B	Y1
SL1	高液位传感器	X2	YV3	放液电磁阀	Y2
SL2	中液位传感器	X3	KM0	搅匀电机接触器	Y3
SL3	低液位传感器	X4			

3. 调试程序

顺序功能图:	顺序功能图的梯形图:

课后巩固

装配流水线的 PLC 控制系统

1. 控制要求

某车间装配流水线的 PLC 控制系统如图 4-2-7 所示,系统中的操作工位 A、B、C,运料工位 D、E、F、G 及仓库操作工位 H,能对工件进行循环处理。具体控制要求如下。

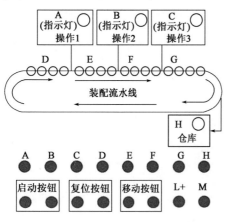

图 4-2-7　装配流水线的 PLC 控制系统示意图

(1)闭合"启动"开关,工件经过传送工位 D 送至操作工位 A,在此工位完成加工后,再由传送工位 E 送到操作工位 B,依次传送及加工,直至工件被送到仓库操作工位 H,由该工位完成对工件的入库操作,循环处理。

(2)按"移动"按钮,无论此时工件位于哪种工位,系统均能复位到起始状态,即工件又重新开始从传送工位 D 开始运送并加工。

(3)按"复位"按钮,无论此时工件位于哪种工位,系统均能进入单步移位状态,即每按一次"复位"按钮,工件提前进入工位。

(4)断开"启动"按钮,系统停止工作。

根据以上控制要求,可以利用移位指令编程实现控制要求。

2. 装配流水线的 PLC 控制系统 I/O 端口配置表

将装配流水线的 PLC 控制系统 I/O 端口配置填入表 4-2-3。

装配流水线的 PLC 控制系统 I/O 端口配置表　　　　表 4-2-3

输入		输出	
输入继电器	输入元件	输出继电器	输出元件

3. 程序设计

拓展提升

　　采用启保停模式编程,启保停电路仅使用与触点和线圈有关的指令,任何一种 PLC 的指令系统都有这类指令,因此它是适用于任意一种 PLC 的通用方法。

多种液体混合装置的 PLC 控制(采用启保停模式)

1. 顺序功能图

根据生产工艺要求编制顺序功能图,多种液体混合装置的 PLC 控制顺序功能图如图 4-2-8 所示。

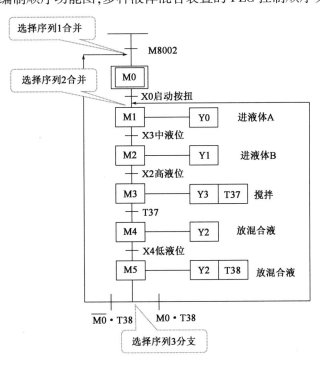

图 4-2-8　多种液体混合装置的 PLC 控制顺序功能图

2. 识读要点

M10 用来实现在按下停止按钮后不会马上停止工作,而是在当前工作周期的操作结束后,才停止工作。M10 用启动按钮(X0)和停止按钮(X1)来控制。运行时 M10 处于 on 状态,系统完成一个周期的工作后,步 M5 到步 M1 的转换条件 M10·T38 满足,转换到步 M1 后继续运行。按下停止按钮(X1)后,M10 变为 off 状态。要等系统完成最后一步 M5 的工作后,转换条件 $\overline{M10}$·T38 满足,才能返回初始步,系统停止工作。图 4-2-8 中步 M5 之后有一个选择序列的分支,当它的后续步 M0 或 M1 变为活动步时,它都应变为不活动步,所以应将 M0 和 M1 的常闭触点与 M5 的线圈串联。步 M1 之前有一个选择序列的合并,如图 4-2-8 所示。当步 M0 为活动步且转换条件 X0 满足时,或者当步 M5 为活动步且转换条件 M10·T38 满足时,步 M1 都应变为活动步,即控制 M1 的启保停电路的启动条件应为 M0·X0 + M5·M10·T38。对应的启动电路由两条并联支路组成,每条支路分别由 M0、X0 和 M5、M10、T38 的常开触点串联而成,如图 4-2-9 所示。

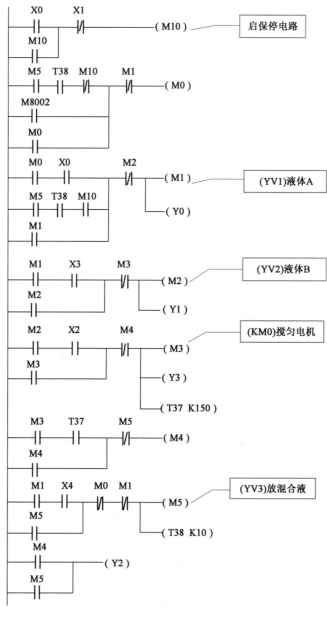

图 4-2-9 多种液体混合装置梯形图

3.程序设计

✎　**任务中自己发现的问题应如何解决?**

任务测评

评价内容	评价标准	分值(分)	学生互评	组长评分	教师评分
课前导学完成情况	完成质量,知识掌握情况	20			
外部接线	按照电气控制原理图接线	10			
I/O 地址分配	I/O 地址分配正确、合理	5			
程序设计	能够完成控制要求	15			
程序调试与运行	程序录入正确(5分),符合控制要求(10分)	15			
处理故障能力	具有创新意识(5分),能排除故障(5分)	10			
安全操作规范	能够规范操作(2分),物品摆放整齐(3分)	5			
课后巩固完成情况	完成质量(10分),知识掌握情况(10分)	20			
合计		100			

任务三 全自动洗衣机系统的 PLC 控制

姓名：	班级：		日期：
自评学习效果：			

学习目标

▶ **知识目标**

1. 掌握全自动洗衣机系统的 PLC 控制编程。

2. 掌握定时器和计数器的混合应用。

3. 掌握 FX3U 系列 PLC 的 I/O 接线和调试方法与技巧。

▶ **能力目标**

1. 能够熟练地应用定时器和计数器解决实际工程应用问题。

2. 能够进行典型电路的设计、接线,并利用 PLC 进行模拟和现场调试。

3. 能够及时发现问题,排除故障。

▶ **素质目标**

1. 熟练掌握技能,培养工程综合应用能力。

2. 增强利用网络资源搜索电器元件信息的意识。

工作任务

随着社会生活水平的提高,自动智能控制运用到了生活的各个方面。全自动洗衣机是常用的生活用具,为人们洗衣提供了方便并节省了时间。为了提高全自动洗衣机的使用效率,本任务根据洗衣机的工作原理,设计了流程及程序,以提高洗衣机的灵活性和可扩展性,让洗衣机控制器、人机界面和软件之间无缝集成与完美整合,实现高性能。

导学结构图

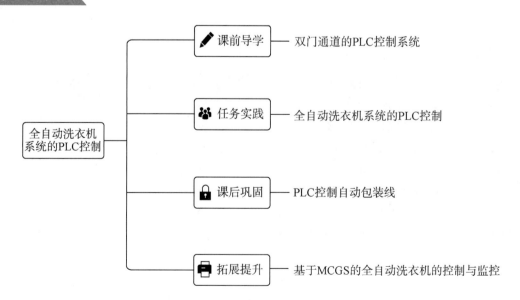

课前导学

双门通道的 PLC 控制系统

1. 控制要求

双门通道的 PLC 控制系统示意图如图 4-3-1 所示,该通道的两个出口(甲、乙)设立两个电动门:门 1(B1)和门 2(B2)。在两个门的外侧设有开门的按钮 X1 和 X2,在两个门的内侧设有光电传感器 X11 和 X12,以及开门的按钮 X3 和 X4,可以自动完成门 1 和门 2 的打开。门 1 和门 2 不能同时打开。

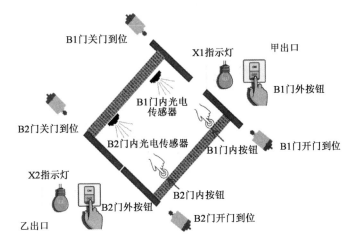

图 4-3-1 双门通道的 PLC 控制系统示意图

对双门通道自动控制开关门系统的控制要求如下所述。

(1)若有人在甲处按下开门按钮 X1,则门 B1 自动打开,3s 后关闭,再自动打开门 B2。

(2)若有人在乙处按下开门按钮 X2,则门 B2 自动打开,3s 后关闭,再自动打开门 B1。

(3)在通道内的人通过操作 X3 和 X4 可立即进入门 B1 和门 B2 的开门程序。

(4)每道门都安装了限位开关(X5、X6、X7、X10),用于确定门关闭和打开是否到位。

(5)在通道外的开门按钮 X1 和 X2 有相对应的指示灯 LED,当按下开门按钮后,指示灯 LED 亮,门关好后 LED 指示灯熄灭。

(6)当光电传感器检测到门 B1、门 B2 的内侧有人时,能自动进入开门程序。

2. 双门通道的 PLC 控制系统 I/O 端口配置表

双门通道的 PLC 控制系统 I/O 端口配置表见表 4-3-1。

双门通道的 PLC 控制系统 I/O 端口配置表   表 4-3-1

输入		输出	
输入继电器	输入元件	输出继电器	输出元件
X1	B1 门外按钮	Y0	打开 B1 门
X3	B1 门内按钮	Y1	关闭 B1 门
X5	B1 门关门到位	Y2	打开 B2 门
X7	B1 门开门到位	Y3	关闭 B2 门
X11	B1 门内光电传感器	Y4	按钮 X1 的指示灯
X2	B2 门外按钮	Y5	按钮 X2 的指示灯
X4	B2 门内按钮		
X6	B2 门关门到位		
X10	B2 门开门到位		
X12	B2 门内光电传感器		

3. 程序设计

双门通道的 PLC 控制系统程序设计如图 4-3-2 所示。

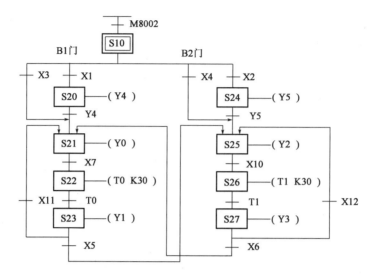

图 4-3-2　双门通道的 PLC 控制系统程序设计

4. 试写出图 4-3-2 状态图的梯形图

任务实践

全自动洗衣机系统的 PLC 控制

1. 任务和要求

(1) 设计系统的 PLC 外部接线。

(2) 填写 I/O 端口配置表。

(3) 设计梯形图及程序调试。

2. 已知技术参数和条件

本任务用 PLC 来模拟并实现全自动洗衣机控制的工作流程(图 4-3-3),要求如下:

(1) 按下启动按钮后,进水电磁阀打开并开始进水。达到高水限时停止进水,进入洗涤状态。

(2) 洗涤时,内桶正转洗涤 3s,停 1s;再反转洗涤 3s,停 1s。如此循环反复 3 次。

(3) 洗涤结束后,排水电磁阀打开,进入排水状态。排水下限时,又开始第二轮洗涤(从进水阀打开开始至排水至下限结束)。这样就完成了从进水到排水两个大循环。

(4) 经过 2 次上述大循环后,甩干桶进行 4s 的甩干动作。之后,全自动洗衣机自动报警,报警

3s后,自动停机。

(5)中途按下停止按钮,系统停止,按启动按钮重新开始洗衣。

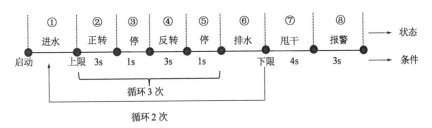

图 4-3-3 全自动洗衣机控制的工作流程

3.填写全自动洗衣机系统的 PLC 控制 I/O 端口配置表

全自动洗衣机系统的 PLC 控制 I/O 端口配置表见表4-3-2。

全自动洗衣机系统的 PLC 控制 I/O 端口配置表   表 4-3-2

输入			输出		
代号	功能	输入继电器	代号	功能	输出继电器

4.设计出该任务对应的程序并验证

课后巩固

PLC 控制自动包装线

1.控制要求

(1)按下启动按钮 SB1,传送带 1 运动并带动产品移动到传送带 2 时进行计数包装。

(2)包装分两类,由两位主令开关 SA 选择:SA 在 1 位为小包装,每包 6 件产品;SA 在 2 位为大包装,每包 12 件产品。

(3)计数信号由光电开关 ST 采样输入,达到计数值传送带 1 停止运动,传送带 2 自动启动。3s

后传送带 1 启动,传送带 2 停止,开始第 2 个循环。

（4）大、小包装达 30 包,生产线自动停止运行。若中途按下停止按钮 SB2 则待本循环结束停止运行。

2. 填写 PLC 控制自动包装线 I/O 端口配置表

PLC 控制自动包装线 I/O 端口配置表见表 4-3-3。

PLC 控制自动包装线 I/O 端口配置表　　表 4-3-3

输入			输出		
代号	功能	输入继电器	代号	功能	输出继电器
SB1	启动按钮		KM1	传送带 1	
ST	光电开关信号		KM2	传送带 2	
SA-1	小包装信号				
SA-2	大包装信号				
SB2	停止按钮				

3. 设计程序并调试

拓展提升

基于 MCGS 的全自动洗衣机的控制与监控

通过课外学习,利用 MCGS 组态软件设计图 4-3-4 所示的欢迎界面和图 4-3-5 所示的监控界面,实现在线控制和监控。要求如下,并录制 3～5 分钟讲解视频。

（1）首先按下启动键,系统开始运行,进水阀打开（L3 阀门指示灯亮,代表阀门打开）,水注入洗衣机。

（2）按下上限位开关（表示水满）,进水阀马上关闭,L3 阀门指示灯灭。洗衣机开始洗衣,洗衣机桶左右转动,L0、L1 表示洗衣机桶左右转动,这时 L0、L1 交替闪烁,模拟洗衣机桶转动,周期为 3s,交替循环。

（3）洗衣过程延续 9s,时间到了后洗衣机桶停止转动（L0、L1 指示灯灭）。排水阀打开（L4 排水阀指示灯亮,代表正在排水）。

（4）按下下限位开关（表示水已排完）,甩干桶转动（L2 脱水桶指示灯亮,代表脱水）。

（5）4s 后,脱水结束,脱水桶停止工作（L2 脱水指示灯灭）。蜂鸣器响,表示脱水已完成,3s 后停止,整个洗衣过程结束。

（6）中途按下停止按钮,系统停止,按启动按钮重新开始。

图 4-3-4　欢迎界面

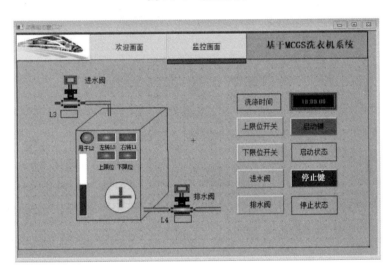

图 4-3-5　监控界面

写出该任务对应的触摸屏控制程序：

🖉 任务中自己发现的问题应如何解决?

任务测评

评价内容	评价标准	分值(分)	学生互评	组长评分	教师评分
课前导学完成情况	完成质量,知识掌握情况	20			
外部接线	按照电气控制原理图接线	10			
I/O 地址分配	I/O 地址分配正确、合理	5			
程序设计	能够完成控制要求	15			
程序调试与运行	程序录入正确(5 分),符合控制要求(10 分)	15			
处理故障能力	具有创新意识(5 分),能排除故障(5 分)	10			
安全操作规范	能够规范操作(2 分),物品摆放整齐(3 分)	5			
课后巩固完成情况	完成质量(10 分),知识掌握情况(10 分)	20			
合计		100			

任务四　物料分拣的 PLC 控制

姓名：	班级：	日期：
自评学习效果：		

学习目标

▶ 知识目标

1. 熟练将选择序列和并行序列的顺序功能图转换成对应的梯形图。

2. 掌握 FX3U 系列 PLC 的 I/O 接线和调试方法与技巧。

3. 掌握物料分拣的 PLC 控制系统的编程方法和技巧。

▶ 能力目标

1. 能进行物料分拣的 PLC 控制程序的编写。

2. 能够将选择序列顺序功能图转换成梯形图,并调试运行。

3. 能够应用选择序列结构的顺序功能图解决实际应用问题。

▶ 素质目标

1. 培养实事求是的科学态度,通过亲历实践,检验、判断、解决各种技术问题。

2. 培养独立思考的能力、良好的职业道德。

工作任务

　　物料分拣系统由于能有效地解决生产分拣过程中人工作业运行成本高、效率低等问题,应用越来越广泛。物料分拣采用 PLC 控制,能连续、大批量地分拣货物,分拣误差率低,可让工人劳动强度大大降低,显著提高劳动生产率。PLC 控制分拣装置涵盖了 PLC 技术、气动技术、传感器技术、位置控制技术等,是实际工业现场生产设备的微缩模型。应用这些技术可以设计不同材料、不同大小的自动分拣控制系统。

导学结构图

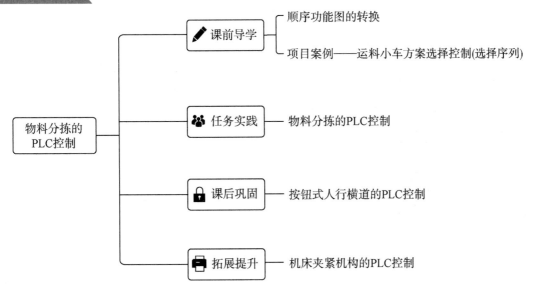

一、顺序功能图的转换

1.选择序列顺序功能图转换成梯形图

将图 4-4-1 所示的选择序列顺序功能图转换成梯形图,如图 4-4-2 所示。

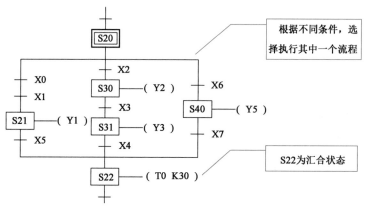

图 4-4-1 选择序列顺序功能图

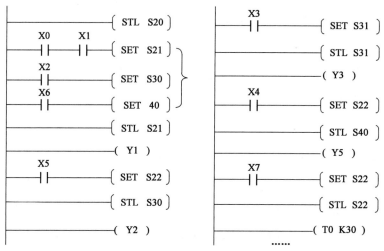

图 4-4-2 选择序列梯形图

2.并行序列顺序功能图转换成梯形图

将图 4-4-3 所示的并行序列顺序功能图转换成梯形图和指令语句表,如图 4-4-4 所示。

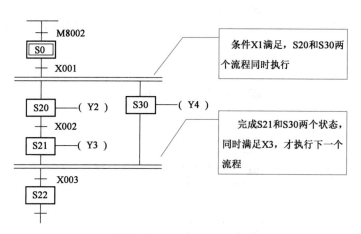

图 4-4-3 并行序列功能图

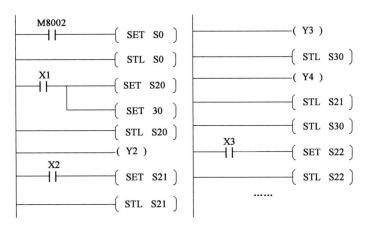

图 4-4-4 并行序列梯形图

二、项目案例——运料小车方案选择控制（选择序列）

1. 控制要求

运料小车在左边可装运 3 种物料中的一种，右行自动选择对应 A、B、C 处卸料。X0、X1 检测信号组合可决定在何处卸料。其中，X0 = 1、X1 = 1，A 处；X0 = 0、X1 = 1，B 处；X0 = 1、X1 = 0，C 处。卸料 20s 后，运料小车返回原位待命（左限位开关 X3 为 on）。运料小车方案选择控制示意图如图 4-4-5 所示。

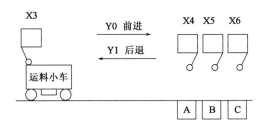

图 4-4-5 运料小车方案选择控制示意图

2. PLC 的外部接线图

运料小车方案选择控制外部硬件接线如图 4-4-6 所示。

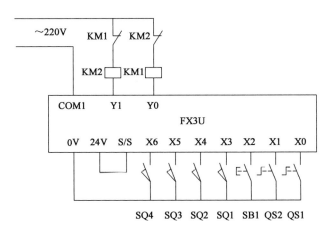

图 4-4-6 运料小车方案选择控制外部硬件接线

3. 填写运料小车方案选择的 I/O 端口配置表

运料小车方案选择的 I/O 端口配置表见表 4-4-1。

运料小车方案选择的 I/O 端口配置表 　　　　　　　表 4-4-1

输入			输出		
代号	功能	输入继电器	代号	功能	输出继电器
QS1	选择开关	X0	右行	接触器 KM1	Y0
QS2	选择开关	X1	左行	接触器 KM2	Y1
SB1	启动按钮	X2			
SQ1	左限位	X3			
SQ2	A 处位置	X4			
SQ3	B 处位置	X5			
SQ4	C 处位置	X6			

4. 程序设计

运料小车方案选择控制程序设计如图 4-4-7 所示。

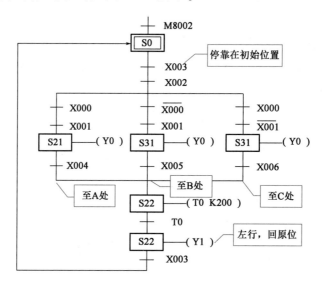

图 4-4-7　运料小车方案选择控制程序设计

5. 绘出顺序功能图的梯形图并调试

任务实践

物料分拣的 PLC 控制

物料分拣的 PLC 控制示意图如图 4-4-8 所示。

（1）当按下操作面板上的［PB1］（X20）后，机器人的供给指令（Y0）被置为 on 状态。在机器人完成移动部件并返回出发点后供给指令（Y0）被置为 off 状态。

（2）当操作面板上的［SW1］（X24）被置为 on 时，传送带正转。若［SW1］（X24）被置为 off 状态，传送带停止。

（3）传送带上的部件大小被输入传感器大（X1）中（X2）和小（X3）检测出来分别放到指定的碟子上。

（4）当推动器上的传感器检测到部件（X10、X11、X12）被置为 on 时，传送带停止而且部件被推到碟子上。注意：当推动器的执行指令被置为 on 时，推动器将推到尽头。当执行指令被置为 off 时，推动器缩回。

（5）不同大小的部件按以下的数目被放到碟子上。剩余的部件经过推动器从右端掉下。其中，大：3 个部件；中：2 个部件；小：2 个部件。

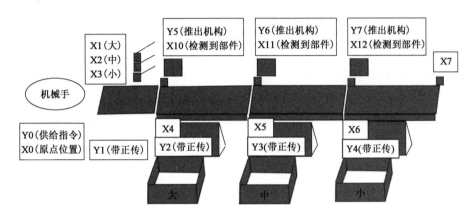

图 4-4-8　物料分拣的 PLC 控制示意图

应用顺序功能图的选择序列编写程序，并通过仿真软件验证程序。

课后巩固

按钮式人行横道的 PLC 控制

1. 控制要求

按钮式人行横道的 PLC 控制示意图如图 4-4-9 所示。

（1）PLC 从运行状态变换为停止状态时，初始状态 S0 动作，通常行车道信号灯为绿灯，而人行横道信号灯为红灯。

（2）按下人行横道按钮 X0 或 X1，则状态 S21 为行车道绿灯；状态 S30 中的人行横道信号灯已经为红色，此时状态无变化。

（3）30s 后，行车道信号灯黄灯亮；再过 10s 行车道信号灯红灯亮。此后，定时器 T2（5s）启动，5s 后人行横道信号灯变为绿灯。

（4）15s 后，人行横道绿灯开始闪烁。（S32 = 暗，S33 = 亮）。

（5）闪烁时 S32、S33 反复动作，计数器 C0（设定值为 5 次）触点一接通，动作状态向 S34 转移，人行横道信号灯变为红灯,5s后返回初始状态。

（6）在动作过程中,即使按动人行横道按钮,X0、X1也无效。

图4-4-9　按钮式人行横道的PLC控制示意图

2.填写按钮式人行横道的PLC控制I/O端口配置表

按钮式人行横道的PLC控制I/O端口配置表见表4-4-2。

按钮式人行横道的PLC控制I/O端口配置表　　　　表4-4-2

输入			输出		
代号	功能	输入继电器	代号	功能	输出继电器
SB1	人行横道按钮	X0	右行	行车红灯	Y1
SB2	人行横道按钮	X1	左行	行车黄灯	Y2
				行车绿灯	Y3
				人行红灯	Y5
				人行绿灯	Y6

3.程序设计

按钮式人行横道的PLC控制程序设计如图4-4-10所示。

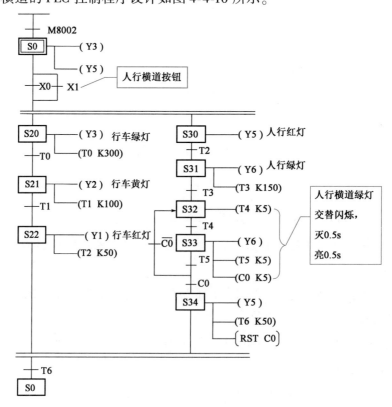

图4-4-10　按钮式人行横道的PLC控制程序设计

4.将图4-4-10转换成梯形图并仿真验证

机床夹紧机构的 PLC 控制

1.控制要求

图4-4-11所示为机床夹具的气动夹紧系统,其动作循环是:垂直缸活塞杆首先下降将工件压紧,两侧的汽缸活塞杆再同时前进,对工件进行两侧夹紧,然后进行钻削加工,加工完成后各夹紧缸退回,将工件松开。

该机床夹具的气动夹紧系统的具体工作原理如下:用脚踏下脚踏阀,压缩空气进入汽缸 A 的上腔,使夹紧头下降夹紧工件。当压下行程阀时,压缩空气经单向节流阀进入气控换向阀(调节节流阀开口可以控制气控换向阀的延时接通时间)。因此,压缩空气通过主阀进入两侧汽缸 B 和 C 的无杆腔,使活塞杆前进而夹紧工件。然后钻头开始钻孔,同时流过主阀的一部分压缩空气经过单向节流阀5进入主阀右端。经过一段时间(由节流阀控制)后主阀右位接通,两侧汽缸后退到原来位置。同时,一部分压缩空气作为信号进入脚踏阀的右端,使脚踏阀右位接通,压缩空气进入汽缸 A 的下腔,使夹紧头退回原位。夹紧头上升的同时使行程阀复位,气控换向阀也复位(此时主阀3右位接通)。由于汽缸 B、C 的无杆腔通过主阀、气控换向阀排气,主阀自动复位到左位,完成一个工作循环。该回路只有在再次踏下脚踏阀后才能开始下一个工作循环。

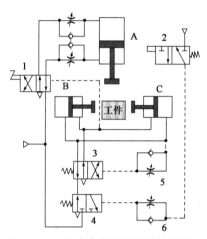

图 4-4-11　机床夹具的气动夹紧系统
1-脚踏阀;2-行程阀;3-主阀;4-气控换向阀;
5、6-单向节流阀

2.填写机床夹紧机构的 PLC 控制 I/O 端口配置表

机床夹紧机构的 PLC 控制 I/O 端口配置表见表4-4-3。

机床夹紧机构的 PLC 控制 I/O 端口配置表　　　　　　表 4-4-3

输入			输出		
代号	功能	输入继电器	代号	功能	输出继电器

3. 程序设计并调试

✎ **任务中自己发现的问题应如何解决?**

_____

_____

_____

_____

任务测评

评价内容	评价标准	分值(分)	学生互评	组长评分	教师评分
课前导学完成情况	完成质量,知识掌握情况	20			
外部接线	按照电气控制原理图接线	10			
I/O 地址分配	I/O 地址分配正确、合理	5			
程序设计	能够完成控制要求	15			
程序调试与运行	程序录入正确(5分),符合控制要求(10分)	15			
处理故障能力	具有创新意识(5分),能排除故障(5分)	10			
安全操作规范	能够规范操作(2分),物品摆放整齐(3分)	5			
课后巩固完成情况	完成质量(10分),知识掌握情况(10分)	20			
合计		100			

功能指令及其应用

项目描述

　　早期的 PLC 大多用于开关量控制,基本指令和步进指令已经能满足控制要求。为适应控制系统的其他控制要求(如模拟量控制等),从 20 世纪 80 年代开始,PLC 生产厂家就在小型 PLC 上增设了大量的功能指令(也称应用指令)。功能指令的出现大大扩大了 PLC 的应用范围,也给用户编制程序带来了极大方便。FX3U 系列 PLC 有丰富的功能指令,共有 19 类功能指令,包括程序流向控制、传送与比较、算术与逻辑运算、循环与移位等。很多功能指令具有基本逻辑指令难以实现的功能。功能指令(应用程序)用于数据的传送、运算、变换及程序控制等。

▶ 知识目标

1. 掌握功能指令的原理,并应用功能指令解决实际应用问题。

2. 掌握不同指令的程序设计,并进行对比。

▶ 技能目标

1. 能够恰当地运用不同的功能指令,解决实际工程应用问题。

2. 能够熟练地进行应用程序录入与调试。

3. 能够运用功能指令完成简单工程任务的程序设计、接线、运行和调试。

▶ 职业素养

1. 养成安全规范地使用 PLC 进行程序设计的习惯。

2. 培养严谨细致、一丝不苟、实事求是的科学态度和探索精神。

3. 增强安全操作意识,形成严谨认真的职业、工作态度。

4. 培养动手操作能力和解决问题的能力。

5. 培养安全规范操作的习惯。

6. 培养查阅有关资料的能力和习惯。

项目导图

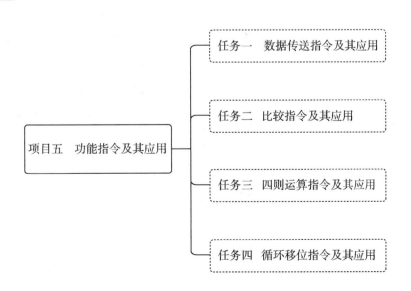

任务一 数据传送指令及其应用

姓名：	班级：	日期：
自评学习效果：		

学习目标

▶ 知识目标

1. 熟记 PLC 内部数据类型和功能指令的组成及格式。

2. 掌握字元件、位元件、位组件的定义和应用。

3. 掌握数据传送指令 MOV 的组成及应用。

▶ 能力目标

1. 能够准确选用字元件、位元件、位组件,并合理设置。

2. 能够识读三菱 PLC 编程手册。

3. 能够应用数据传送指令 MOV 解决实际应用问题。

▶ 素质目标

1. 培养求知欲,并且乐于、善于使用所学 PLC 技术解决生产实际问题。

2. 培养克服困难的信心和决心,从战胜困难、实现目标、完善成果中体验喜悦。

工作任务

PLC 的功能指令在数据运算和处理时有着不可替代的作用。数据传送指令(MOV)是 PLC 的功能指令之一。在各种工业控制中,灵活应用 MOV 指令不仅可以大大简化程序,提高控制系统应用的灵活性,还能方便地实现基本指令不能直接实现的控制。本任务应用数据传送指令解决前面已学过的星形-三角形降压启动等类似问题,拓宽学生的知识面。

导学结构图

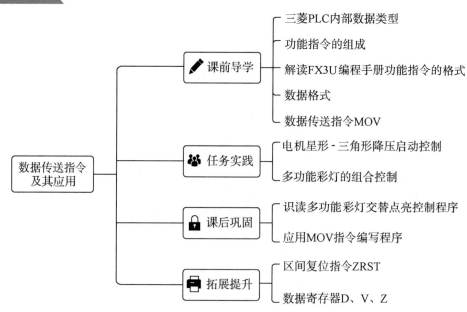

课前导学

一、三菱 PLC 内部数据类型

三菱 FX3U 系列 PLC 内部结构与用户应用程序中使用了大量数据,这些数据根据结构或数制具有以下几种形式。

1. 二进制数

十进制数、八进制数、十六进制数、BCD 码在 PLC 内部均是以二进制数的形态存在的,但使用外围设备进行系统运行监控显示时,会还原成原来的数值。一位二进制数在 PLC 中又称位数据。它主要存在于各类继电器、定时器、计数器的触点及线圈中。

2. 十进制数

十进制数在 PLC 中又称字数据。它主要存在于定时器和计数器的设定值 K,辅助继电器、定时器、计数器、状态寄存器等的编号,定时器和计数器当前值等方面。

3. 八进制数

FX3U 系列 PLC 的输入继电器、输出继电器的地址编号采用八进制数。

4. 十六进制数

十六进制数用于指定应用指令中的操作数或指定动作。三菱 Q 系列 PLC 中,输入、输出软元件采用十六进制编码格式进行编号。

进制互换案例:

掌握二进制和十六进制之间的转换,对学习三菱 PLC 来说是十分重要的。

二进制转换成十进制:$B11011 = 1 \times 2^4 + 1 \times 2^3 + 0 \times 2^2 + 1 \times 2^1 + 1 \times 2^0 = K27$

十六进制转换成十进制:$HC3E8 = 12 \times 16^3 + 3 \times 16^2 + 14 \times 16^1 + 8 \times 16^0 = K50152$

十进制转换成二进制:$K50 = B110010$

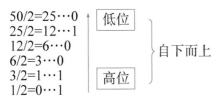

十进制转换成十六进制:$K8000 = H1F40$

5. 常数 K、H

常数是 PLC 内部定时器、计数器、应用指令不可分割的一部分。B 用来表示二进制。常数 K 用来表示十进制数,16 位常数的范围为 $-32768 \sim +32767$,32 位常数的范围为 $-2147483648 \sim +2147483647$。常数 H 用来表示十六进制数,十六进制数包括 $0 \sim 9$ 和 $A \sim F$ 这 16 个数字和字母,16 位常数的范围为 $0 \sim FFFF$,32 位常数的范围为 $0 \sim FFFFFFFF$。

6. BCD 码

BCD 码是以 4 位二进制数表示与其对应的一位十进制数的编码。PLC 中的十进制数常以 BCD 码的形态出现,在数字式开关或其他码(比如数码管)的显示器控制中,BCD 码发挥着重要作用。

二、功能指令的组成

PLC 的功能指令由操作码和操作数两部分组成。

1. 操作码

操作码,又称指令助记符。大多用英文名称或英文缩写表示,表示指令的功能。图 5-1-1 所示的助记符"MEAN"表示求 n 个数的平均值。对以 D0 为首的 3 个数据寄存器里面的数据求平均值,将结果存放在数据寄存器 D10 中。注意:MEAN 指令执行时,只保留整数部分,余数会舍去,n 取 $1\sim64$。

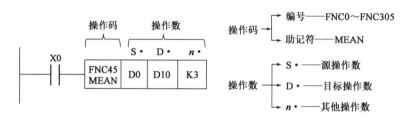

图 5-1-1 MEAN 指令的组成

即:

$$\frac{(D0)+(D1)+(D2)}{3}=D(10)$$

2. 操作数

操作数用来表明参与操作的对象。有的功能指令没有操作数,而大多数功能指令有 $1\sim4$ 个操作数。[S]表示源操作数,[D]表示目标操作数,当源操作数或目标操作数不止一个时,用 S1、S2、D1、D2 表示,用 m、n 表示其他操作数。

三、解读 FX3U 编程手册功能指令的格式

以右循环移位指令为例解读 FX3U 编程手册功能指令的格式如图 5-1-2 所示。

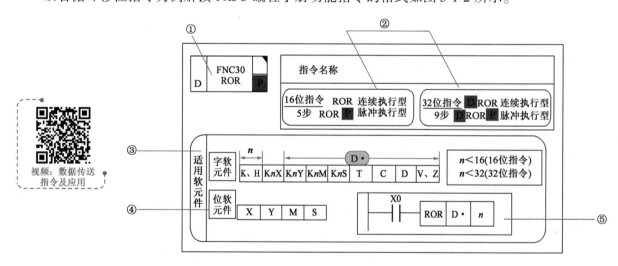

图 5-1-2 功能指令信息图

标注①所示:功能号和指令,如图 5-1-3 所示。

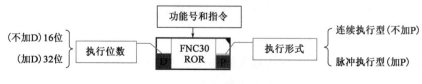

图 5-1-3 功能号和指令

标注②所示:功能指令的执行形式有连续执行和脉冲执行两种类型。如果指令助记符后面有"P"则表示脉冲执行,即该指令仅在执行条件由 off 到 on 时执行一次,如"RORP"。如果指令助记符后面没有"P"则表示连续执行,即在执行条件接通的每一个扫描周期,该指令都要被执行,如"ROR"。

标注①②所示:功能指令的数据长度,指功能指令可处理位数。三菱 PLC 一般可处理 16 位数据或 32 位数据。处理 32 位数据的功能指令在助记符前加"D"标志,如"DROR"。无此标志默认为处理 16 位数据的功能指令,如"ROR"。

标注③④所示:了解位与字的区别。位一共有两种状态,即 0 和 1。0 代表关,1 代表开。对用于 PLC 中的 X、Y、M、S,处理关/开信号的软元件称为位软元件(位元件)。字有单字和双字之分,单字由 16 个位组成,双字由 32 个位组成,对应标注③中的 T、C、D 等数值信号的软元件称为字软元件(字元件)。

标注⑤所示:循环移动位数 $n \leqslant 16$(16 位指令)或 $n \leqslant 32$(32 位指令)。

四、数据格式

三菱 PLC 的数据格式包括位元件、字元件、位组件。

1. 位元件

只具有接通(on 或 1)或断开(off 或 0)两种状态的元件称为位元件,如 X、Y、M 和 S。

2. 字元件

处理数据的元件称为字元件,如 T、C 和 D。

3. 位组件

多个位元件按一定规律的组合叫位组件。例如输出位组件 KnY0,K 表示十进制,n 表示组数,n 的取值为 1~8,每组有 4 个位元件,Y0 是位元件的首地址,一般用 0 结尾。KnY0 的全部组合及适用指令范围见表 5-1-1。

KnY0 范围　　　　　　　　　　　　　　　　　　　　　表 5-1-1

指令适用范围		KnY0	包含的位元件最高位~最低位	位元件个数
n 取值 1~8 适用 32 位指令	n 取值 1~4 适用 16 位指令	K1Y0	Y3~Y0	4
		K2Y0	Y7~Y0	8
		K3Y0	Y13~Y0	12
		K4Y0	Y17~Y0	16
	n 取值 5~8 只能使用 32 位指令	K5Y0	Y23~Y0	20
		K6Y0	Y27~Y0	24
		K7Y0	Y33~Y0	28
		K8Y0	Y37~Y0	32

例如,K2M0、K3X0 两个位组件分别表示的含义如图 5-1-4 所示。其中,K2M0 表示 2 组 8 位位组件,即 M7~M0;K3X0 表示 3 组 12 位位组件,即 X13~X0。

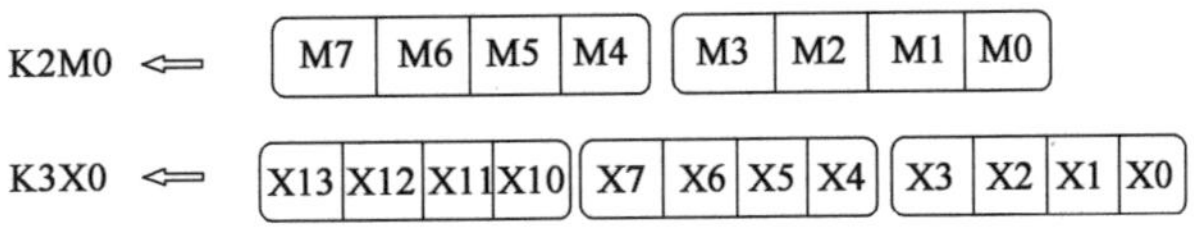

图 5-1-4　位组件的组成

五、数据传送指令 MOV

1. MOV 指令的格式

MOV 指令的格式如图 5-1-5 所示。

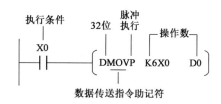

图 5-1-5　MOV 指令的格式

指令解读：当驱动条件成立时，将源址 S 的数据传送至终地址 D，即当 X0 条件成立时，将 K6X0 这个数据传至 D0 中，D0 中原来的数据被覆盖（替换）。

指令作用：可以对字元件进行读写操作，也可以对位元件进行复位和置位操作。

2. MOV 指令的要素和功能

（1）MOV 指令的要素见表 5-1-2。

MOV 指令的要素　　　　　　　　　　　　　　　　表 5-1-2

传送指令		操作数	
D（32 位）	FNC12	S（源）	K、H、KnX、KnY、KnM、KnS、T、C、D、V、Z
P（脉冲型）	MOV	D（目标）	KnY、KnM、KnS、T、C、D、V、Z

（2）MOV 指令的功能

①对字元件进行数据写入。

MOV　　K25　　D10　　注解：将 K25 写入 D10。

MOV　　K0　　D0　　注解：对 D0 清零，也是将 K0 写入 D0。

②对位元件进行置位或复位。

MOV　　K0　　K2Y0　　注解：关断 Y7 ~ Y0 输出。

MOV　　K1　　K2Y0　　注解：对 Y0 置"1"，K1 的二进制数为 00000001，K2Y0 为 Y0 ~ Y7。

MOV　　K25　　K2M0　　注解：将 M0、M3、M4 置"1"，K25 的二进制数为 00011001，K2M0 为 M0 ~ M7。

③32 位传送操作。

DMOV　　D10　　D20　　注解：D10 传送到 D20，D11 传送到 D21。

　功能指令的使用说明：

（1）FX3U 系列 PLC 功能指令编号为 FNC0 ~ FNC305，实际常用的有 130 个。

（2）功能指令分为 16 位指令和 32 位指令。功能指令默认是 16 位指令，加上前缀 D 是 32 位指令，如 DMOV。

（3）功能指令默认是连续执行方式，加上后缀 P 表示为脉冲执行方式，如 MOVP。

（4）多数功能指令有操作数。执行指令后其内容不变的称为源操作数，用 S 表示。被刷新内容的称为目标操作数，用 D 表示。

任务实践

一、电机星形-三角形降压启动控制

1.控制要求

按下启动按钮先低压(星形)启动,10s 之后全压(三角形)运行。

利用 MOV 指令设计电机星形-三角形降压启动控制线路与程序(方法一不考虑报警指示灯 Y0 和过载保护 FR 的动作)。图 5-1-6 所示为电机星形-三角形降压启动控制线路图。

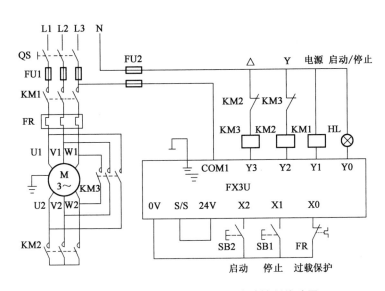

图 5-1-6 电机星形-三角形降压启动控制线路图

2.填写电机星形-三角形降压启动控制 I/O 端口配置表

电机星形-三角形降压启动控制 I/O 端口配置表见表 5-1-3。

电机星形-三角形降压启动控制 I/O 端口配置表   表 5-1-3

操作元件	状态	输入端口	输出端口/负载				传送数据
			Y3/KM3	Y2/KM2	Y1/KM1	Y0/HL	
SB2	启动	X2	0	1	1	0	K6
	T1 延时 10s 到三角形运转		1	0	1	0	K10
SB1	停止	X1	0	0	0	0	K0

3.程序设计

方法一:根据表 5-1-3,电机星形-三角形降压启动控制程序设计如图 5-1-7 所示。

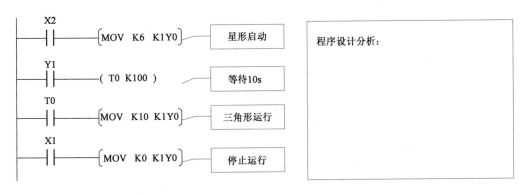

图 5-1-7 电机星形-三角形降压启动控制程序设计

方法二:补全表5-1-4所缺的传送数据,然后采用MOV指令写出第二种控制方法的控制程序。

I/O端口配置表   表5-1-4

操作元件	状态	输入端口	输出端口/负载				传送数据
			Y3/KM3	Y2/KM2	Y1/KM1	Y0/HL	
SB2	启动 T0 延时 10s	X2	0	1	1	1	
	T0 到 T1 延时 1s		0	0	1	1	
	T1 延时到三角形运转		1	0	1	0	
SB1	停止	X1	0	0	0	0	
FR	过载保护	X0	0	0	0	1	

思考采用第二种控制方法有什么优点。

根据表5-1-4设计程序:

控制方法一和方法二的区别:

二、多功能彩灯的组合控制

1. 控制要求

设有8盏指示灯,控制要求:当X0接通时,全部灯亮;当X1接通时,奇数灯亮;当X2接通时,偶数灯亮;当X3接通时,全部灯灭。试设计电路并用数据传送指令编写程序。图5-1-8为多功能彩灯的组合控制线路图。

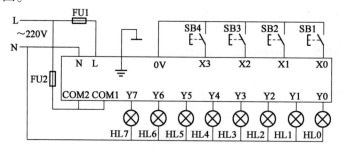

图5-1-8 多功能彩灯的组合控制线路图

2. 控制关系对应表

多功能彩灯的组合控制关系表见表 5-1-5。

多功能彩灯的组合控制关系表   表 5-1-5

端口	Y7	Y6	Y5	Y4	Y3	Y2	Y1	Y0	传送数据
X0	•	•	•	•	•	•	•	•	H0FF
X1	•		•		•		•		H0AA
X2		•		•		•		•	H055
X3									H000

可以用十进制的常数K、十六进制的常数H来表示

3. 程序设计

程序设计：

分析总结：

课后巩固

一、识读多功能彩灯交替点亮控制程序

图 5-1-9 所示为多功能彩灯交替点亮控制程序设计，分析开关 X1 合上和断开时 Y0 ~ Y7 的工作情况。

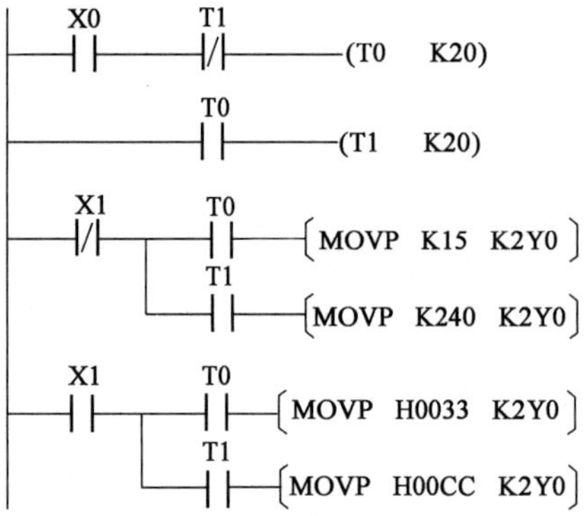

```
  X0      T1
 ─┤├─────┤/├──────────(T0   K20)

          T0
         ─┤├──────────(T1   K20)

  X1      T0
 ─┤/├─────┤├───┤MOVP K15 K2Y0├

          T1
         ─┤├───┤MOVP K240 K2Y0├

  X1      T0
 ─┤├─────┤├───┤MOVP H0033 K2Y0├

          T1
         ─┤├───┤MOVP H00CC K2Y0├
```

程序设计分析：

X1接通时，对应Y0～Y7的点亮状态及交替情况。

X1断开时，对应Y0～Y7的点亮状态及交替情况。

图 5-1-9　多功能彩灯交替点亮控制程序设计

二、应用 MOV 指令编写程序

1. 设计要求

设置一个启动按钮 SB1 和一个停止按钮 SB2。按下启动按钮 SB1 后，电机 1（KM1）先运行 6s 后停机。然后电机 2（KM2）和电机 3（KM3）同时运行。其中，电机 2（KM2）只运行了 3s，电机 3（KM3）运行了 5s。电机 1（KM1）在电机 2（KM2）停机后又运行了 2s 停机。此动作不断地循环，在这个过程中，按下停止按钮 SB2，总停。

2. 关系表

根据题意填写表 5-1-6。

多功能彩灯交替点亮控制关系表　　　　　　　　　　　　　表 5-1-6

操作元件	状态	输入端口	输出端口/负载			传送数据
			Y3/KM3	Y2/KM2	Y1/KM1	
SB1	启动 T0 延时 6s	X2				
	T0 延时到 T1 3s					
	T1 延时到 T2 2s					
SB2	停止	X1				

3. 程序设计

程序设计：

分析总结：

拓展提升

一、区间复位指令 ZRST

区间复位指令 ZRST 的要素见表 5-1-7。

区间复位指令 ZRST 的要素　　　　　　　　　　　表 5-1-7

区间复位指令		操作数	操作数范围
P	FNC40 ZRST	D1、D2	Y、M、S、T、C、D

区间复位指令 ZRST 的功能是将起始元件[D1·]到终点元件[D2·]指定的元件号范围内的同类元件成批复位,目标操作数可取 T、C、D 和 Y、M、S。

ZRST 指令使用时[D1·][D2·]指定的元件应为同类元件,[D1·]的元件号应小于[D2·]的元件号。若[D1·]的元件号大于[D2·]的元件号,则只有[D1·]指定的元件被复位。如图 5-1-10 所示,M8002 在 PLC 运行开始瞬间为 on 状态,M500 ～ M599、C235 ～ C255、S0 ～ S127 均被复位。

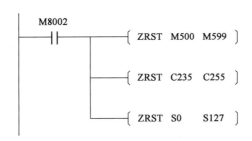

图 5-1-10　ZRST 梯形图

二、数据寄存器 D、V、Z

数据寄存器用于存储设备和系统的参数、状态信息等数据。PLC 数据寄存器 D、V、Z 元件编号与功能见表 5-1-8。将数据写入数据寄存器后,其值将保持不变,直到下一次被改写。PLC 从运行状态进入停止状态时,所有的通用数据寄存器被改写为 0。

通用数据寄存器 D、V、Z 元件编号与功能　　　　　　　　　　　表 5-1-8

通用	停电保持用 (可用程序变更)	停电保持专用 (不可变更)	特殊用	变址用
D0 ～ D199,共 200 点	D200 ～ D511,共 312 点	D512 ～ D7999,共 7488 点	D8000 ～ D8195,共 196 点	V7 ～ V0,Z7 ～ Z0,共 16 点

PLC 变址寄存器 V/Z 实际上是一种特殊用途的数据寄存器,其作用相当于计算机中的变址寄存器,用于改变元件的编号(变址)。例如,设 V0 = 5,则执行 D20V0 时,被执行的数据寄存器的地址编号为 D25(20 + 5)。变址寄存器可以像其他数据寄存器一样进行读写,需要进行 32 位操作时,可将 V、Z 串联使用(Z 为低位,V 为高位)。

变址寄存器的应用:

(1)V 和 Z 都是 16 位寄存器,变址寄存器在传送、比较中用来修改操作对象的元件号。变址寄存器的应用如图 5-1-11 所示。

图中,第一行指令执行 12 到 V0;第二行执行 15 到 Z0,所以变址寄存器的值为:V = 12,Z = 15;第三行执行(D5V0) + (D15Z0) = (D30Z0)。

```
      X0
      ┤├                    { MOV  K12  V0 }

      X1
      ┤├                    { MOV  K15  Z0 }

      X2
      ┤├              {ADD  D5V0  D15Z0  D30Z0 }

      X3
      ┤├                  { DADD  D0  D2  D3Z0 }
```

图 5-1-11　变址寄存器的应用

D5V0 = D(5 + 12) = D17,实际地址为 D17;

D15Z0 = D(15 + 15) = D30,实际地址为 D30;

D30Z0 = D(30 + 15) = D45,实际地址为 D45。

所以 X2 启动,执行 D17 的数据,加上 D30 的数据,放到 D45 里面。X3 启动,D0、D1 加上 D2、D3 结果放到 D18、D19 里面。

(2)对 32 位数据进行操作时,要将 V 和 Z 结合起来使用,Z 为低 16 位,V 为高 16 位。

①利用变址寄存器对常数进行修改。

当 V0 = 10 时,执行 MOV　K500V0　D0,请问 D0 的结果是多少?

【解】当 V0 = 10 时,K500V0 = K500 + 10 = K510,因此,D0 是 K510。

②利用变址寄存器对八进制编号进行修改。

当 Z0 = 10 时,执行 MOV　K2X0Z0　K2Y0,请问 K2X0Z0 变成多少?

【解】当 Z0 = 10 时,执行 K2X0Z0 = K2X0 + 10 = K2X12,因此 K2X0Z0 变成了 K2X12。

利用变址寄存器修改 X、Y 等八进制数的软元件编号时,对应软元件编号的变址的内容经八进制换算后相加。

案例应用一:变址寄存器 V、Z 的应用及解读。

变址寄存器 V、Z 的应用及解读如图 5-1-12 所示。

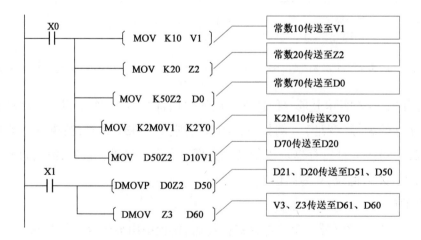

图 5-1-12　变址寄存器 V、Z 的应用及解读

案例应用二:多种闪光频率。

(1)根据图5-1-13所示的程序设计,解读光是如何闪烁的。

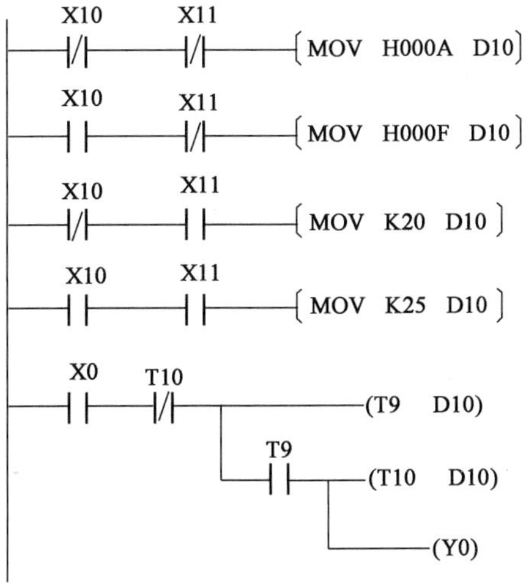

```
  X10   X11
 ─┤/├──┤/├────────────[MOV  H000A  D10]      解读图5-1-13:

  X10   X11
 ─┤├───┤/├────────────[MOV  H000F  D10]

  X10   X11
 ─┤/├──┤├─────────────[MOV  K20   D10]

  X10   X11
 ─┤├───┤├─────────────[MOV  K25   D10]

  X0    T10
 ─┤├───┤/├──────────────(T9    D10)
             T9
            ─┤├──────────(T10   D10)

                       ────────(Y0)
```

图 5-1-13　多种闪光频率程序设计(一)

(2)根据图5-1-14所示的程序设计,解读光是如何闪烁的。

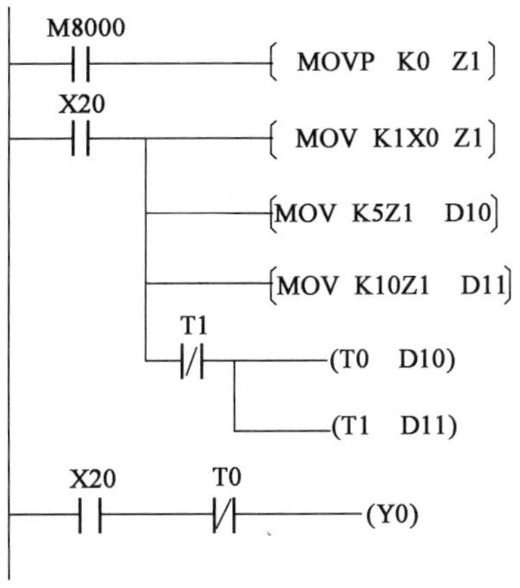

```
  M8000
 ─┤├──────────────────[MOVP  K0   Z1]       解读图5-1-14:
  X20
 ─┤├──────────────────[MOV  K1X0  Z1]

             ──────────[MOV  K5Z1  D10]

             ──────────[MOV  K10Z1  D11]
             T1
            ─┤/├─────────(T0   D10)

                       ──────(T1   D11)

  X20    T0
 ─┤├───┤/├─────────────(Y0)
```

图 5-1-14　多种闪光频率程序设计(二)

✎　任务中自己发现的问题应如何解决?

任务测评

评价内容	评价标准	分值(分)	学生互评	组长评分	教师评分
课前导学完成情况	完成质量,知识掌握情况	20			
外部接线	按照电气控制原理图接线	10			
I/O 地址分配	I/O 地址分配正确、合理	5			
程序设计	能够完成控制要求	15			
程序调试与运行	程序录入正确(5 分),符合控制要求(10 分)	15			
处理故障能力	具有创新意识(5 分),能排除故障(5 分)	10			
安全操作规范	能够规范操作(2 分),物品摆放整齐(3 分)	5			
课后巩固完成情况	完成质量(10 分),知识掌握情况(10 分)	20			
合计		100			

任务二 比较指令及其应用

姓名：	班级：	日期：
自评学习效果：		

学习目标

▶ 知识目标

1. 掌握组件比较指令 CMP、区间比较指令 ZCP 标志位的规则。

2. 掌握组件比较指令 CMP、区间比较指令 ZCP、触点比较指令的功能。

▶ 能力目标

1. 能够识读组件比较指令 CMP、区间比较指令 ZCP、触点比较指令的程序。

2. 能够运用组件比较指令 CMP、区间比较指令 ZCP、触点比较指令编写程序。

3. 会运用组件比较指令 CMP、区间比较指令 ZCP、触点比较指令解决实际工程问题。

▶ 素质目标

1. 在工作实践中培养与他人合作的团队精神，敢于提出与他人不同的见解，勇于修正自己的观点。

2. 培养服务意识，成为有理想、有抱负、热爱祖国、有使命感和责任感的人。

工作任务

PLC 中的比较指令是根据运算比较结果去控制相应对象的。比较类指令包括三种，即组件比较指令 CMP、区间比较指令 ZCP、触点比较指令。本任务主要介绍三菱 FX3U 系列 PLC 这三种比较指令的用法，通过实例说明比较指令可以大大简化一些控制程序。

导学结构图

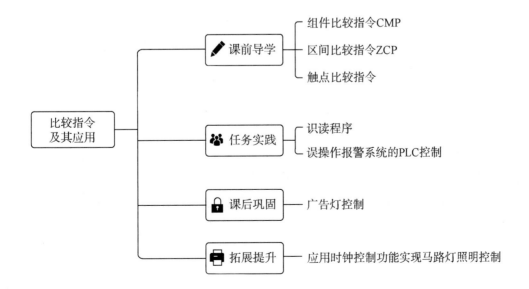

比较类指令包括三种,即组件比较指令 CMP、区间比较指令 ZCP、触点比较指令。

一、组件比较指令 CMP

1. 组件比较指令 CMP 指令解析

图 5-2-1 所示为组件比较指令 CMP 信息图,包含的信息如下。

视频:比较指令
及应用

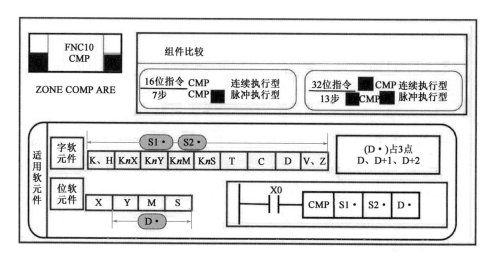

图 5-2-1　组件比较指令 CMP 信息图

执行形式包括功能号 FNC10、指令符号 CMP。在以后的应用中,若指令前面加 D,表示用于 32 位,不加 D,默认用于 16 位。若后面加 P 表示脉冲执行形式,不加 P 表明连续型执行形式。

CMP 源操作数使用的软元件有字元件 K、H、KnX、KnY、KnM、KnS、T、C、D、V、Z。其中,K、H 是常数,KnX、KnY、KnM、KnS 是前面讲过的位组件,T、C、D、V、Z 是存储器。目标操作数是位软元件 Y、M、S。

组件比较指令 CMP 指令是将源操作数[S1]和[S2]进行比较,将结果送到目的操作数[D]中。[S1][S2]是按二进制数处理,[D]由三位软元件组成。S1、S2 两个数的相互比较,结果可能有三种:S1 > S2,S1 = S2,S1 < S2。虽然有三种结果,但它们不可能同时出现,又因为 PLC 不可能直接告诉我们结果,所以它用了三个连续编号的位元件,分别表示为 D、D + 1、D + 2,对三种结果加以区分。也就是说,终址 D 占用了 3 个点,且它的适用软元件为位元件(Y、M、S)。

另外,源址 S1、S2 均为字元件,且源址 S1、S2 与终址 D 都可用于变址寻址。从图 5-2-1 中可以看到,当驱动条件 X0 = on 时,S1、S2 相互比较:若 S1 > S2,则 D = on;若 S1 = S2,则 D + 1 = on;若 S1 < S2,则 D + 2 = on。在 CMP 指令中,终址虽然只给出了首址 D,但是 D + 1、D + 2 两个地址也被指令占用,不能再用于其他地方。指令被执行后,即使驱动条件断开,保存结果的 D、D + 1、D + 2 仍然保持当前状态,不会自动复位。要想使它们复位,可以应用复位指令 RST 或区间复位指令 ZRST。

2. 组件比较指令 CMP 的应用

例如,将数据寄存器 D0 中的内容与常数 K10 进行比较,如图 5-2-2 所示。

```
    X0
    ┤├────{CMP D0 K10 M0}
    M0
    ┤├────────────(Y1)
    M1
    ┤├────────────(Y2)
    M2
    ┤├────────────(Y3)
    X2
    ┤├────{ZRST M0 M2}
```

组件比较指令CMP的说明：

标志位的规则：

若(D0)>(K10)，则M0置1，M1、M2为0；

若(D0)=(K10)，则M1置1，M0、M2为0；

若(D0)<(K10)，则M2置1，M0、M1为0

图 5-2-2　组件比较指令 CMP 的应用

3. 案例解析

(1)物件检测的控制要求

图 5-2-3 所示的传送带输送大、中、小三种规格的工件，用连接 X0、X1、X2 端子的光电传感器判别工件规格，然后启动分别连接 Y0、Y1、Y2 端子的相应操作机构；连接 X3 的光电传感器用于复位操作机构。用组件比较指令 CMP 编写工件规格判别程序。

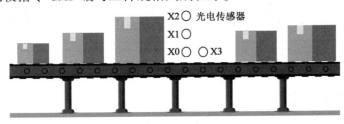

图 5-2-3　传送带的工作台示意图

(2)填写 I/O 端口配置表

I/O 端口配置见表 5-2-1。

I/O 端口配置表   表 5-2-1

工件规格	光电信号输入控制字 K1X0				光电转换数据
	X3	X2	X1	X0	
小	0	0	0	1	K1
中	0	0	1	1	K3
大	0	1	1	1	K7

(3)程序设计

物件检测控制程序设计如图 5-2-4 所示。

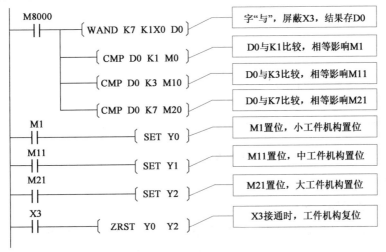

图 5-2-4　物件检测控制程序设计

二、区间比较指令 ZCP

区间比较指令 ZCP 也是比较指令,但它比组件比较指令 CMP 略显麻烦。从 ZCP 指令和 CMP 指令的梯形图中可以看到,ZCP 指令比 CMP 指令多了一个源址 S·,这个 S· 就是 ZCP 指令的主角,它到底有什么含义呢?(区间比较指令 ZCP 信息图如图 5-2-5 所示)。

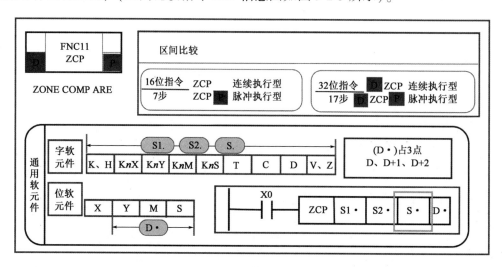

图 5-2-5　区间比较指令 ZCP 信息图

1. 区间比较指令 ZCP 图例解析

所谓区间,就是一个数据范围。终止 D 的含义类似于 CMP 指令中的 D,也用于反馈比较结果,占用 3 点:D、D + 1、D + 2。类似于 CMP 指令,在 ZCP 指令中,当驱动条件成立时,将源址 S 中的数据分别与源址 S1、S2 中的数据进行比较,有三种比较结果:若 S < S1,则 D 接通;若 S1 ≤ S ≤ S2,则 D + 1 接通;若 S > S2,则 D + 2 接通。

源址 S1 与 S2 可以是常数,也可以是各种字元件。需要注意的是,ZCP 指令在正常执行的情况下,S1 < S2。也就是说,S1 所存放的数据应小于 S2 所存放的数据。若 S1 > S2,PLC 就会把 S2 作为 S1 处理。

例如,在 ZCP　D10　D11　D12　Y0 中,D10 内存放的数据为 K10,D11 所存放的数据为 K8,此时若 D12 所存放的数据为 K8 或 K9,D12 都是 M0 接通。与 CMP 指令一样,执行 ZCP 指令后,若驱动条件断开,终止 D、D + 1、D + 2 的状态依然保持不变,可以用复位指令 RST 或区间复位指令 ZRST 对它们复位。

注意:区间比较指令 ZCP 是将源操作数[S1]和[S2]进行比较,将结果送到目的操作数[D]中。[S1][S2]是按二进制数处理,[D]由三位软元件组成。源操作数[S1][S2]确定区间比较范围,[S2]的数值不能小于[S1]。

2. 区间比较指令 ZCP 的应用

区间比较指令 ZCP 的应用如图 5-2-6 所示。

3. 案例解析

(1)工件检测计数控制要求

用图 5-2-7 所示的传送带输送工件,数量为 20 个。连接 X0 端子的光电传感器对工件进行计数。当计件数量小于 15 时,指示灯常亮;当计件数量等于或大于 15 时,指示灯闪烁;当计件数量为20时,10s后传送带停机,同时指示灯熄灭。设计 PLC 控制线路并用区间比较指令 ZCP 编写程序。

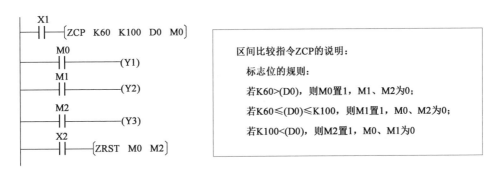

图 5-2-6 区间比较指令 ZCP 的应用

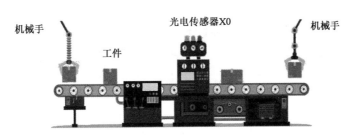

图 5-2-7 传送带输送工件示意图

（2）PLC 外部接线图

工件检测的 PLC 外部接线图如图 5-2-8 所示。

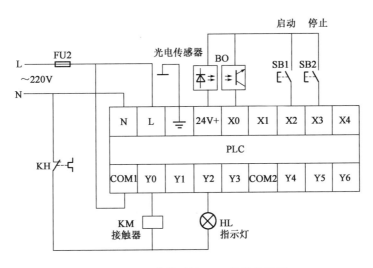

图 5-2-8 工件检测的 PLC 外部接线图

（3）程序设计

工件检测计数程序设计如图 5-2-9 所示。

三、触点比较指令

触点比较指令等同于一个常开触点,它可以像一般触点那样,与其他触点串接或并接,或者作为驱动条件单独使用。根据应用方式的不同,触点比较指令可以分为起始触点比较指令、串接触点比较指令、并接触点比较指令三种。图 5-2-10 所示的触点比较指令的功能指令编号是 FNC224 ~ 246,可用于16位和32位数据处理。

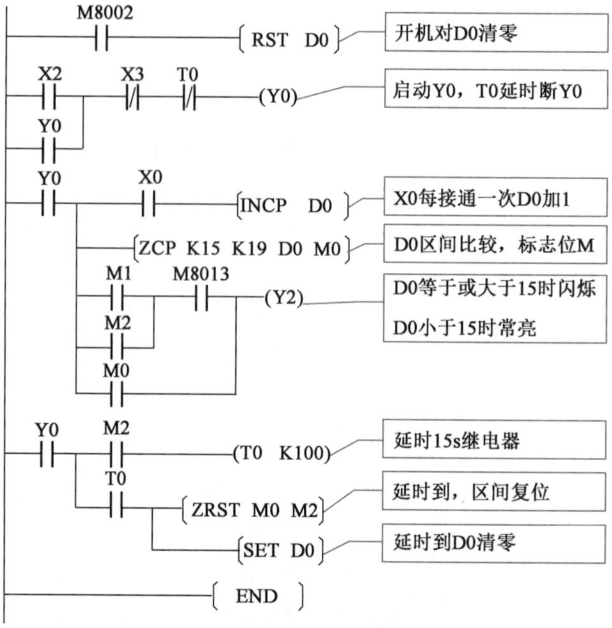

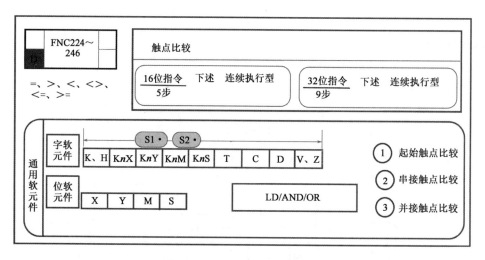

图 5-2-9　工件检测计数程序设计

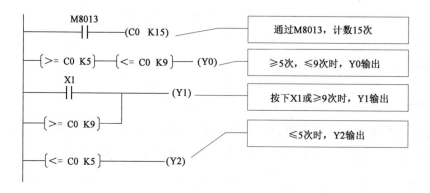

图 5-2-10　触点比较指令 FNC 信息图

案例:触点比较指令应用

触点比较指令应用如图 5-2-11 所示。

图 5-2-11　触点比较指令应用

任务实践

一、识读程序

（1）根据图 5-2-12，分析 Y0 什么时候接通。

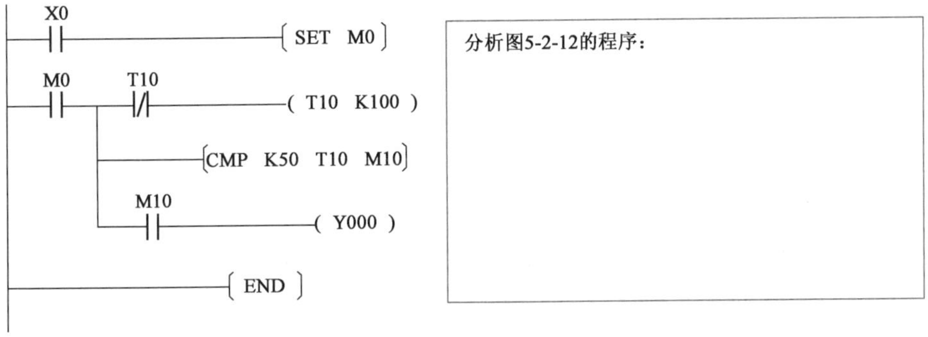

```
   X0
   ┤├──────────────────{ SET  M0 }

   M0    T10
   ┤├────┤/├──────────( T10  K100 )
        │
        ├─────────────[CMP  K50  T10  M10]
        │
   M10  │
   ┤├───┴──────────────( Y000 )

   ──────────────────────{ END }
```

分析图5-2-12的程序：

图 5-2-12　CMP 指令应用

（2）根据图 5-2-13，分析 Y0、Y1、Y2 什么时候接通。

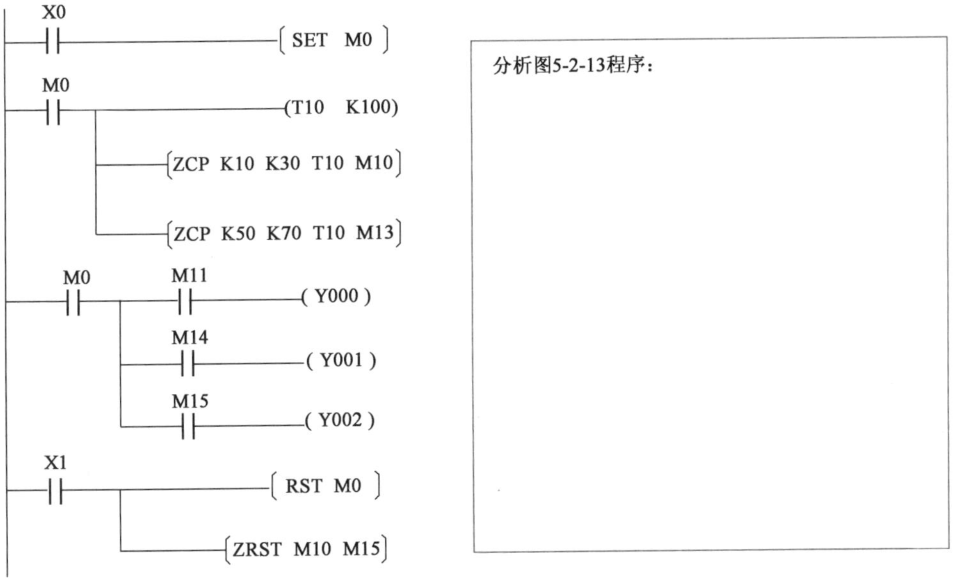

```
   X0
   ┤├──────────────────{ SET  M0 }

   M0
   ┤├──────┬───────────(T10   K100)
          │
          ├───────────[ZCP K10 K30 T10 M10]
          │
          └───────────[ZCP K50 K70 T10 M13]

   M0    M11
   ┤├────┤├────────────( Y000 )
        │
        │ M14
        ├─┤├───────────( Y001 )
        │
        │ M15
        └─┤├───────────( Y002 )

   X1
   ┤├──────┬───────────{ RST  M0 }
          │
          └───────────[ZRST M10 M15]
```

分析图5-2-13程序：

图 5-2-13　ZCP 指令应用

二、误操作报警系统的 PLC 控制

1. 控制要求

设计一个误操作报警系统，X0 端子为误操作计数按钮。如果误操作次数小于 3 次，Y16 端子的报警指示灯常亮。如果误操作次数大于或等于 3 次，小于或等于 7 次，报警指示灯按每秒的频率闪烁。如果误操作次数大于 7 次，小于或等于 10 次，报警指示灯按照每 2s 的频率闪烁。当误操作次数大于 10 次时，Y0 ~ Y15 端口的指示灯按照奇数点亮，3s 后又按照偶数点亮 3s，往复奇偶点亮 3 个周期。按下停止按钮，所有端口全部清零。

2. 补全输入端口十六进制的值

根据题意，补全表 5-2-2 中十六进制的值。

工件规格与光电信号转换关系   表 5-2-2

端口	输出端口																16 进制
	Y15	Y14	Y13	Y12	Y11	Y10	Y7	Y6	Y5	Y4	Y3	Y2	Y1	Y0	
Y0 ~ Y15 偶数点亮	0	1	0	1	0	1	0	1	0	1	0	1	0	1	
Y0 ~ Y15 奇数点亮	1	0	1	0	1	0	1	0	1	0	1	0	1	0	

3. 设计 PLC 控制线路,并用区间比较指令 ZCP 编写程序

课后巩固

广告灯控制

设置一个启动按钮 SB1 和一个停止按钮 SB2。按下启动按钮 SB1 后,A 灯先亮 6s 后熄灭;然后 B 灯和 C 灯点亮,其中 B 灯亮 3s,C 灯亮 5s;A 灯在 B 灯熄灭后再次点亮 2s 后熄灭;循环。在这个过程中,按下停止按钮 SB2,总停。

方法一:用触点比较指令设计程序。

方法二:用 ZCP 指令设计程序。

应用时钟控制功能实现马路灯照明控制

FX3U 系列 PLC 具有实时时钟控制功能,可以在设定的日期和时间完成预定控制。下面以马路灯照明控制为例进行介绍。表 5-2-3 为时钟专用辅助继电器配置表。

时钟专用辅助继电器配置表 表 5-2-3

特殊辅助继电器	作用	功能
M8015	时钟停止和改写	等于 1 时时钟停止,改写时钟数据
M8016	时钟显示停止	等于 1 时停止显示
M8017	秒复位清零	上升沿时修正秒数
M8018	内装 RTC 检测	平时为 1
M8019	内装 RTC 错误	改写时间数据超出范围时 =1

第一步:设置时钟信息。

把时钟信息"2007 年 4 月 5 日 15 时 30 分 0 秒和星期四"写入 PLC。

控制程序:应用时钟控制功能实现马路灯照明控制程序设计如图 5-2-14 所示,其中,X0 的作用是设定时钟,X1 的作用是修正秒数。

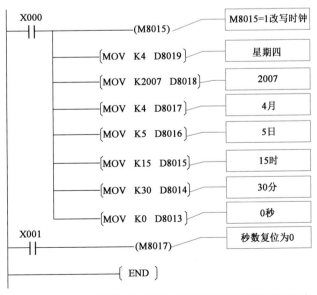

图 5-2-14　应用时钟控制功能实现马路灯照明控制程序设计

第二步：马路照明灯时钟控制。

表5-2-4 为时钟专用特殊数据寄存器。

时钟专用特殊数据寄存器 　　　　　　　　　　　　　表5-2-4

特殊数据寄存器	作用	范围
D8013	秒	0～59
D8014	分	0～59
D8015	时	0～23
D8016	日	1～31
D8017	月	1～12
D8018	年	公历4位
D8019	星期	1～7

应用时钟控制功能实现马路照明灯控制要求：设马路照明灯由 PLC 输出端口 Y0、Y1 各控制一半。每年夏季(7—9 月)每天 19 时 0 分至次日 0 时 0 分灯全部开,0 时 0 分至 5 时 30 分开一半灯。其余季节每天 18 时 0 分至次日 0 时 0 分灯全部开,0 时 0 分至 7 时 0 分各开一半灯。

控制程序：

应用时钟控制功能实现马路照明灯控制程序设计如图 5-2-15 所示。

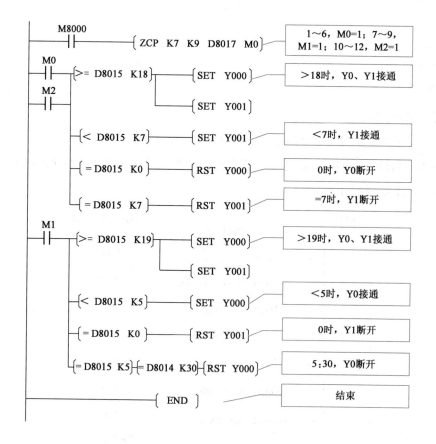

图 5-2-15 马路照明灯控制程序设计

✎　　任务中自己发现的问题应如何解决？

任务测评

评价内容	评价标准	分值(分)	学生互评	组长评分	教师评分
课前导学完成情况	完成质量,知识掌握情况	20			
外部接线	按照电气控制原理图接线	10			
I/O 地址分配	I/O 地址分配正确、合理	5			
程序设计	能够完成控制要求	15			
程序调试与运行	程序录入正确(5 分),符合控制要求(10 分)	15			
处理故障能力	具有创新意识(5 分),能排除故障(5 分)	10			
安全操作规范	能够规范操作(2 分),物品摆放整齐(3 分)	5			
课后巩固完成情况	完成质量(10 分),知识掌握情况(10 分)	20			
合计		100			

任务三 四则运算指令及其应用

姓名：	班级：	日期：
自评学习效果：		

学习目标

▶ **知识目标**

1. 掌握 ADD、SUB、MUL、DIV、INC、DEC 指令的要素。
2. 掌握 ADD、SUB、MUL、DIV、INC、DEC 指令的简单程序设计。

▶ **能力目标**

1. 能够识读 ADD、SUB、MUL、DIV、INC、DEC 指令程序。
2. 能够应用 ADD、SUB、MUL、DIV、INC、DEC 指令解决实际应用问题。

▶ **素质目标**

1. 培养创新意识，用不同的方法解决同一问题。
2. 培养自我学习、自我发展的能力。
3. 培养勇于创新、敬业乐业的工作作风。

工作任务

在三菱 PLC 编程软件中，四则运算指令可以解决 PLC 中出现的各种数学运算问题，常用的有加法运算、减法运算、乘法运算和除法运算。本任务将使用乘（除）法指令解决流水灯的编程等问题，本任务将结合梯形图讲解四则运算指令。

导学结构图

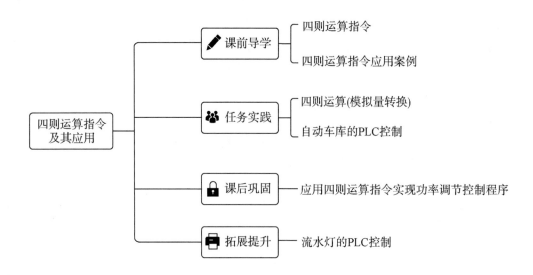

课前导学

四则运算指令可通过运算实现数据的传送、变位及其他控制功能。常用的四则运算指令有加法指令 ADD、减法指令 SUB、乘法指令 MUL、除法指令 DIV、加 1 指令 INC、减 1 指令 DEC。

一、四则运算指令

1. 加法指令

定义:加法指令是将指定的源元件中的二进制数相加,将结果送到目标元件中去。

[助记符:ADD、ADD(P)。]

视频:算术运算
指令及应用

加法指令的要素:见表 5-3-1。

加法指令的要素   表 5-3-1

指令名称	指令码	操作数范围			程序步
		源操作数		目标操作数	
		[S1·]	[S2·]	[D·]	
加法	FNC20(16/32)	K、H KnX、KnY、KnM、KnS T、C、D、V、Z		KnY、KnM、KnS T、C、D、V、Z	ADD、ADDP……7 步 DADD、DADDP……13 步

加法指令的格式:

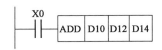

```
    X0
├──┤├──┤ADD│S1·│S2·│D·│   含义: (S1)+(S2)=(D)
```

加法指令的应用:当执行条件 X0 由 off 变为 on 时,将[D10] + [D12]相加的结果送到[D14]中,如图 5-3-1 所示。

```
    X0
├──┤├──┤ADD│D10│D12│D14│
```

图 5-3-1 加法指令的应用

加法指令有三个标志:零标志(M8020)、借位标志(M8021)和进位标志(M8022)。当运算结果超过 32767(16 位运算)或 2147483647(32 位运算)时,进位标志置 1;当运算结果小于 - 32767(16 位运算)或 - 2147483647(32 位运算)时,借位标志置 1。

2. 减法指令

定义:减法指令是将指定的源元件中的二进制数相减,将结果送到指定的目标元件中去。

[助记符:SUB、SUB(P)。]

减法指令的要素:见表 5-3-2。

减法指令的要素   表 5-3-2

指令名称	指令码	操作数范围			程序步
		源操作数		目标操作数	
		[S1·]	[S2·]	[D·]	
减法	FNC21 (16/32)	K、H KnX、KnY、KnM、KnS T、C、D、V、Z		KnY、KnM、KnS T、C、D、V、Z	SUB、SUBP……7 步 DSUB、DSUBP……13 步

减法指令的格式:

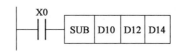

含义：(S1)-(S2)=(D)

减法指令的应用:当执行条件 X0 由 off 变为 on 时,[D10] - [D12]相减的结果送到[D14]中,如图 5-3-2 所示。

图 5-3-2　减法指令的应用

若采用连续执行,PLC 每扫描一个周期,指令就执行一次,每个周期的值都会改变,此时,重复执行加、减运算可能不是我们需要的,所以应该选择脉冲执行型指令 ADD 加上字母 P(图 5-3-3)、SUB 加上字母 P(图 5-3-4)。

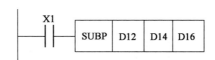

图 5-3-3　ADD 采用脉冲执行形式

图 5-3-4　SUB 采用脉冲执行形式

注意:四则运算指令的源操作数和目标操作数可以用相同的元件号,如图 5-3-3所示。

3. 乘法指令

定义:乘法指令是将指定的源元件中的二进制数相乘,将结果送到指定的目标元件中去。

[助记符:MUL、MUL(P)。]

乘法指令的要素:见表5-3-3。

乘法指令的要素　　　　　　　　　　　　　　　　表 5-3-3

指令名称	指令码	操作数范围			程序步
		源操作数		目标操作数	
		[S1·]	[S2·]	[D·]	
乘法	FNC22 (16/32)	KnX、KnY、KnM、KnS K、H、T、C、D、Z		KnY、KnM、KnS T、C、D	MUL、MULP……7 步 DMUL、DMULP……13 步

乘法指令的格式:

含义：(S1)×(S2)=(D)

乘法指令的应用:当执行条件 X0 由 off 变为 on 时,[D10]与[D12]相乘的结果送到[D14]中,如图 5-3-5 所示。

图 5-3-5 乘法指令的应用

4.除法指令

定义:除法指令是将指定的源元件中的二进制数相除,[S1·]为被除数,[S2·]为除数,将商送到指定的目标元件[D·]中去,将余数送到[D·]中的下一个目标元件中。

[助记符:DIV、DIV(P)。]

除法指令的要素:见表 5-3-4。

除法指令的要素 表 5-3-4

指令名称	指令码	操作数范围		程序步
		源操作数	目标操作数	
		[S1·]	[S2·]	[D·]	
除法	FNC23 (16/32)	KnX、KnY、KnM、KnS K、H、T、C、D、Z	KnY、KnM、KnS T、C、D	DIV、DIVP……7 步 DDIV、DDIVP……13 步

除法指令的格式:

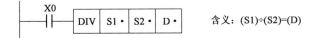

含义:(S1)÷(S2)=(D)

除法指令的应用:当执行条件 X0 由 off 变为 on 时,[D10]与[D12]相除的结果送到[D14]中,如图 5-3-6 所示。

图 5-3-6 除法指令格式及应用

可以看出,与加法、减法指令一样,乘法、除法指令也都有两个源操作数(S1·)(S2·)和一个目的操作数(D·);其区别在于乘法指令和除法指令的目的操作数,16 位运算时目的操作数占 2 个字元件(D、D+1),32 位运算时目的操作数占连续的 4 个字元件(D、D+1、D+2、D+3)。这是很明显的,因为乘法所得的积往往比因数大很多,若此时仅用 16 位运算保存结果是不够的。乘法指令存储方式如图 5-3-7 所示。

```
16位: (S1)×(S2)=(D+1, D)
32位: (S1+1, S1)×(S2+1, S2)=(D+3, D+2, D+1, D)
```

图 5-3-7 乘法指令存储方式

另外,除法运算在无法整除的时候,就会有余数,所以就要多用一个字元件来存储余数。在乘法指令中,将 S1 中的数值乘以 S2 中的数值,然后把积存储到 D+1、D 两个连续字元件中。同理,在除法指令中,将 S1 中的数值除以 S2 中的数值,把商存储到 D 中,把余数存放到 D+1 中。如图 5-3-8所示,16 位运算和 32 位运算所占用的字元件有所不同。

```
16位: (S1)÷(S2)=(D)商……(D+1)余数
32位: (S1+1, S1)÷(S2+1, S2)=(D+1, D)商……(D+3, D+2)余数
```

图 5-3-8 除法指令存储方式

当连续执行时,PLC 每扫描一个周期,指令就执行一次,此时,重复执行乘法、除法运算可能不是我们需要的,所以应该选择乘法、除法指令脉冲执行型,即 MUL 加上字母 P、DIV 加上字母 P,如图 5-3-9 所示。

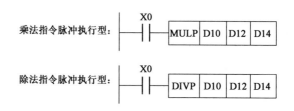

图 5-3-9 乘法、除法指令脉冲执行型

应用编程软件,验证图 5-3-10 所示的结果,在指令后加上字母"P"和不加字母"P",观察其结果的变化。

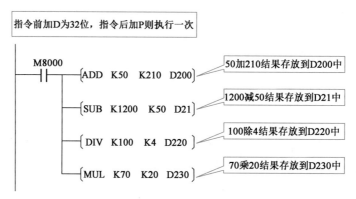

图 5-3-10 加、减、乘、除指令的应用

5. 加 1 指令

定义:加 1 指令是将一个指定的寄存器或内存单元中的数据加 1,再将结果送回寄存器或内存单元。

助记符:[INC、INC(P)。]

加 1 指令的要素:见表 5-3-5。

加 1 指令的要素   表 5-3-5

指令名称	指令码	操作数范围 [D·]	程序步
加 1	FNC24(16/32)	KnY、KnM、KnS T、C、D、Z	INC、INCP……3 步 DINC、DINCP……5 步

加 1 指令格式:

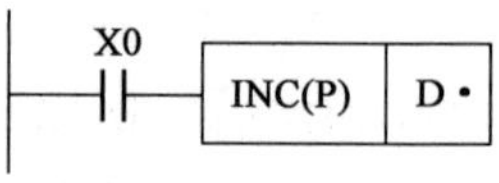

X0
———| |———[INC(P) | D·]

加 1 指令的应用:当 X0 由 off 变为 on 时,由[D·]指定的元件 D10 中的二进制数加 1。若采用连续执行形式,每个扫描周期加 1。若采用脉冲执行形式,指令末尾加字母"P",如图 5-3-11 所示。

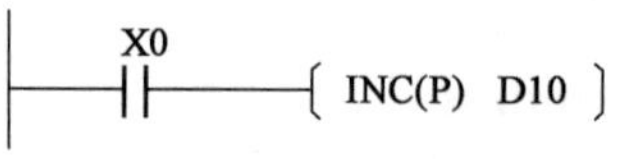

X0
———| |———{ INC(P) D10 }

图 5-3-11 加 1 指令的应用

6.减1指令

定义:减1指令是将一个指定的寄存器或内存单元中的数据减1,再将结果送回寄存器或内存单元。

[助记符:DEC、DEC(P)。]

减1指令的要素:见表5-3-6。

减1指令的要素　　　　　　　　　　　　　　　　表5-3-6

指令名称	指令码	操作数范围 [D·]	程序步
减1	FNC25 (16/32)	KnY、KnM、KnS T、C、D、Z	DEC、DECP……3 步 DDEC、DDECP……5 步

减1指令的应用:当X1由off变为on时,由[D·]指定的元件D10中的二进制数减1。若采用连续执行形式,每个扫描周期减1。若采用脉冲执行形式,指令末尾加字母"P",如图5-3-12所示。

```
    X1
 ┤├────[ DEC(P)  D10 ]
```

图 5-3-12　减1指令的应用

加1指令INC和减1指令DEC,加1、减1顾名思义是指该指令执行一次,数值加1或减1,INC和DEC指令的目标操作数只有一个。INC指令和DEC指令在执行过程中不会影响标志位:M8020、M8021、M8022。当采用连续执行时,D不断地进行加1、减1操作,此时超出限定值会怎样呢?其实,INC指令和DEC指令是一个单位累加或累减环形计数器,在执行INC指令时,若当前值为-1,加1后其值就变为0,再加1就变为1;若当前值为32767,加1后变为-32768。同理,在执行DEC指令时,若当前值为1,减1后其值就变为0,再减1就变为-1;若当前值为-32768,减1后变为32767。INC指令和DEC指令超限情况如图5-3-13所示。

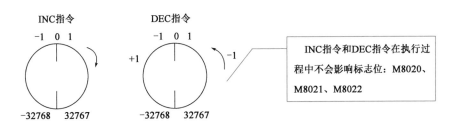

图 5-3-13　INC 指令和 DEC 指令超限情况

❖案例分析

控制要求:求 1 + 2 + 3 + ⋯ + 99 的和,程序如图5-3-14所示。

```
   X1
 ┤├─[< D0 K99]────[ INC D0 ]  请给INC加上字母"P",看看效果有何不同?
               └─[ADD D1 D0 D1]
   X2
 ┤├──────(ZRST D0 D1)
                  [ END ]
```

图 5-3-14　100 以内自然数求和程序

二、四则运算指令应用案例

案例一：使用乘除法指令实现灯移位点亮控制

用乘除法指令实现灯组的移位点亮循环。有一组灯 15 个，介于 Y0 与 Y016 之间。

控制要求：当 X0 为 on 时，灯正序每隔 1s 单个移位，并循环；当 X0 为 off 时，灯反序每隔 1s 单个移位，至 Y0 为 on，停止。

程序设计：使用乘除法指令实现如图 5-3-15 所示。

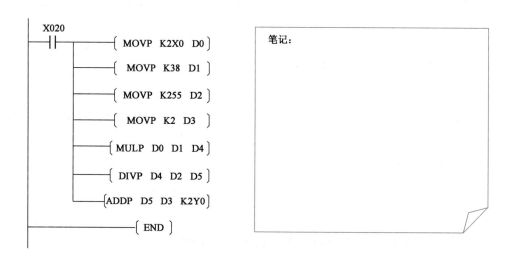

图 5-3-15　使用乘除法指令实现灯移位点亮控制程序设计

案例二：算式的运算

控制要求：某控制程序中要进行算式运算：38X ÷ 255 + 2。

其中，"X"代表输入端口 K2X0 送入的二进制数，运算结果需输送到出口 K2Y0；X020 为启停开关。

程序设计：算式的运算程序设计如图 5-3-16 所示。

```
X020
 ┤├──────┤ MOVP  K2X0  D0 ├
        ├ MOVP  K38   D1 ├
        ├ MOVP  K255  D2 ├
        ├ MOVP  K2    D3 ├
        ┤ MULP  D0  D1  D4 ├
        ┤ DIVP  D4  D2  D5 ├
        ┤ ADDP  D5  D3  K2Y0 ├
        ──────┤ END ├
```

笔记：

图 5-3-16　算式的运算程序设计

案例三：彩灯正序亮至全亮、反序熄至全熄再循环控制

控制要求：彩灯共 12 盏，介于 Y000 与 Y013 之间，用加 1、减 1 指令及变址寄存器实现正序亮至全亮、反序熄至全熄再循环控制，彩灯状态变化的时间（单位为 s）用秒脉冲 M8013 实现。

程序设计：彩灯正序亮至全亮、反序熄至全熄再循环控制程序设计如图 5-3-17 所示。

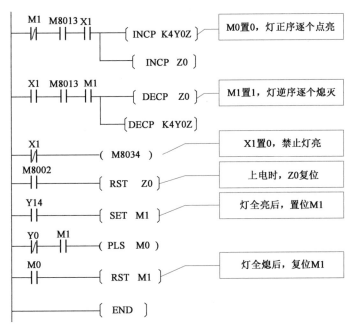

图 5-3-17　彩灯正序亮至全亮、反序熄至全熄再循环控制程序设计

任务实践

一、四则运算(模拟量转换)

某控制程序中要进行以下算式的运算:$38 \div 114 + 2X$。(可以采用触摸屏监控显示)

程序设计:

二、自动车库的 PLC 控制

1. 控制要求

车库总共有 100 个车位,车辆进入各自使用的通道时,通道口设有自动栏杆机,有车进或有车出时栏杆抬起,且能自动放下。车辆进出分别由入口车位传感器和出口车位传感器判断。当车库内有空车位时,尚有车位指示灯亮表示可以继续停放;当车库内没有空车位时,则车位已满指示灯亮,表示已满,不再允许车辆驶入。自动车库示意图如图 5-3-18 所示。

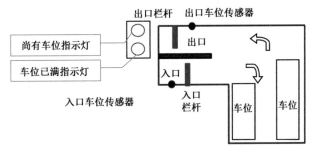

图 5-3-18　自动车库示意图

2. 填写自动车库的 PLC 控制 I/O 端口配置表

自动车库的 PLC 控制 I/O 端口配置表见表 5-3-7。

自动车库的 PLC 控制 I/O 端口配置表　　　　表 5-3-7

输入			输出		
代号	功能	输入继电器	代号	功能	输出继电器
SB1	启动按钮	X0	KM1	入口栏杆接触器	Y0
SB2	停止按钮	X1	KM2	出口栏杆接触器	Y1
SB3	复位按钮	X2	LD1	尚有车位指示灯	Y2
	入口车位传感器	X3	LD1	车位已满指示灯	Y3
	出口车位传感器	X4			

3. 程序验证

课后巩固

应用四则运算指令实现功率调节控制程序

1. 控制要求

某加热器的功率调节有 6 个挡位，分别是 0.5kW、1kW、1.5kW、2kW、2.5kW 和 3kW。每按一次功率增加按钮 SB2，功率上升 1 挡；每按一次功率减少按钮 SB3，功率下降 1 挡；按停止按钮 SB1，停止加热。

按图 5-3-19 连接功率控制线路。由于负载电流较大，每个接触器的 3 个主触点可直接使用。在实践中，发热元件 R1、R2、R3 可用白炽灯代替。

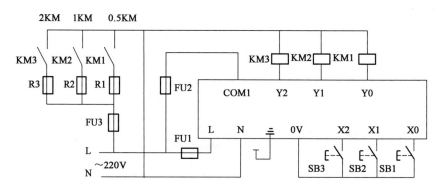

图 5-3-19　功率控制的 PLC 控制线路

2. 输出功率与字元件关系表

输出功率与字元件关系表见表 5-3-8。

表 5-3-8

输出功率与字元件关系表

输出功率(kW)	字元件 K1M0/输出端 Y				字元件数据
	M3	M2/Y2	M1/YI	M0/Y0	
0	0	0	0	0	0
0.5	0	0	0	1	1
1	0	0	1	0	2
1.5	0	0	1	1	3
2	0	1	0	0	4
2.5	0	1	0	1	5
3	0	1	1	0	6

3. 编写控制程序

每按一次功率增加按钮 SB2, 功率增加 0.5kW, 最大达到 3kW; 每按一次功率减少按钮 SB3, 功率减小 0.5kW, 最终为停止加热; 按停止按钮 SB1, 则停止加热。功率调节控制程序如图 5-3-20 所示。

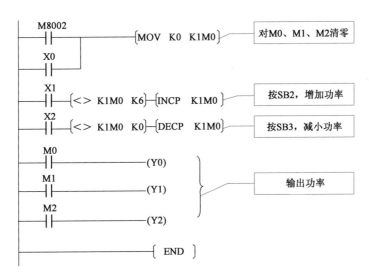

图 5-3-20　功率调节控制程序

拓展提升

流水灯的 PLC 控制

1. 控制要求

一组有 8 盏灯, 要求按下启动按钮 SB1 时, 正序每隔 1s 单灯移位, 直到第 8 盏灯亮后, 再反序每隔 1s 单灯移位至第 1 盏灯亮, 如此循环。按下停止按钮 SB2, 所有灯熄灭, 要求应用乘除法指令编程。

2. PLC I/O 端口配置

输入为 X0、X1, 分别为启动按钮 SB1 和停止按钮 SB2。

输出为 Y0 ~ Y7, 分别为灯 HL0 ~ HL7。

3. 识读要点

二进制 0001 每乘以 2 一次,值得二进制,向左移 1 位,即第一次为 0010,第二次为 0100,第 3 次为 1000,如此控制彩灯,可以产生单灯左移的效果。同样,采用除法指令,对二进制数 1000 每除以 2 一次,其值为 1 的二进制位向右移 1 位,从而可以产生单灯右移位的效果。示例见表 5-3-9。

示例 表 5-3-9

Y3	Y2	Y1	Y0	值
0	0	0	1	$2^0 = 1$
0	0	1	0	$2^1 = 2$
0	1	0	0	$2^2 = 4$
1	0	0	0	$2^3 = 8$

4. 程序设计

流水灯的 PLC 控制程序如图 5-3-21 所示。

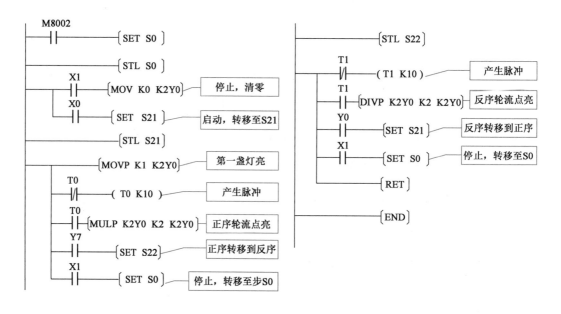

图 5-3-21　流水灯的 PLC 控制程序

✎ **任务中自己发现的问题应如何解决?**

任务测评

评价内容	评价标准	分值(分)	学生互评	组长评分	教师评分
课前导学完成情况	完成质量,知识掌握情况	20			
外部接线	按照电气控制原理图接线	10			
I/O 地址分配	I/O 地址分配正确、合理	5			
程序设计	能够完成控制要求	15			
程序调试与运行	程序录入正确(5 分),符合控制要求(10 分)	15			
处理故障能力	具有创新意识(5 分),能排除故障(5 分)	10			
安全操作规范	能够规范操作(2 分),物品摆放整齐(3 分)	5			
课后巩固完成情况	完成质量(10 分),知识掌握情况(10 分)	20			
合计		100			

任务四 循环移位指令及其应用

姓名:	班级:	日期:
自评学习效果:		

学习目标

▶ **知识目标**

1. 了解循环移位指令的工作原理及应用场合。

2. 掌握循环移位指令的编程技巧。

▶ **能力目标**

1. 能够应用 ROL、ROR,RCR、RCL 等指令解决实际应用问题。

2. 能够应用多种方法解决同一问题。

▶ **素质目标**

1. 培养自主学习的能力。

2. 培养独立思考的能力。

工作任务

流水灯具有流动的美感,广泛应用于现代城市生活的方方面面,如大型建筑物的景观灯光等。流水灯的流动规律变化种类繁多,控制手段主要有单片机控制、PLC 控制等。三菱 FX3U 系列 PLC 的位左移指令和位右移指令在控制系统中的应用很多,本任务以循环移位指令在流水灯控制中的应用为例进行介绍,以提高学生工程应用能力。

导学结构图

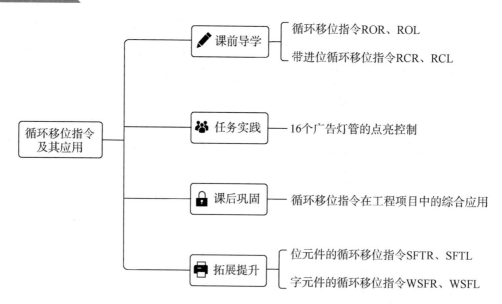

课前导学

三菱 FX3U PLC 的循环指令有循环移位指令(ROR、ROL)、带进位循环移位指令(RCR、RCL)、位元件的循环移位指令(SFTR、SFTL)、字元件的循环移位指令(WSFR、WSFL)等。它可用于信号灯的轮流点亮、红绿灯的控制等。

一、循环移位指令 ROR、ROL

循环移位指令 ROR、ROL 的格式如图 5-4-1 所示。

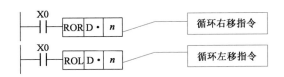

图 5-4-1 循环移位指令 ROR、ROL 的格式

循环移位指令 ROR、ROL 中的 R、L 分别表示右移和左移。D 表示要进行右移操作的寄存器,n 表示要移动的位数。执行图 5-4-1 的指令后,D 中的数据将向右(ROR)或向左(ROL)移动 n 位。其中 ROR 指令 D 中的数据最右边的 n 位补充到最左边,ROL 指令 D 中的数据最左边的 n 位补充到最右边。ROR 指令和 ROL 指令都是对字元件中的二进制位进行移位的,它们都有连续执行型和脉冲执行型,可用于 16 位,也可用于 32 位。循环移指令在 PLC 编程中具有重要的作用,可以实现数据处理、位操作、数据编码和控制等多种功能,具有较高的灵活性和实用性。

 注意:循环移位指令位元件前的 K 值为 4(16 位)或 8(32 位)才有效,如 K4M0、K8M0。

视频:移位指令及应用

1. 循环右移指令 ROR

循环右移指令 ROR 的指令要素:见表 5-4-1。

循环右移指令 ROR 的指令要素 表 5-4-1

循环右移指令		操作数	
D	FNC30	D	KnY、KnM、KnS、T、C、D、V、Z(Kn 位组件中 $n = 4/8$)
P	ROR	n	$n \leq 16$(16 位指令),$n \leq 32$(32 位指令)

循环右移指令 ROR 执行过程:设(D0)循环前为 H1302,则执行"ROR D0 K4"指令后,(D0)为 H2130,进位标志位(M8022)为 0。循环右移指令 ROR 执行过程如图 5-4-2 所示。当驱动条件满足时,执行指令"ROR D0 K4",把 D0 的 16 个二进制数依次向右移动 4 位,右边为低位,也就是移出了低 4 位。移出的低 4 位二进制数循环进入 D0 的高位,即左边,最后移出的一位二进制数同时被传送到进位标志位 M8022,如图 5-4-2 中"0010"每执行 1 次"ROR D0 K4"指令 D0 的数据就右移 4 位,这是一个循环的过程。显然,执行 4 次该指令后,D0 的数据又变得和原来一样了。所以,在用到循环移位指令时,最好用脉冲执行型循环移位指令 RORP、ROLP。另外,ROR 指令中,当终址 D 是 16 位的位组件时,$n = K4$;当终址 D 是 32 位的位组件时,$n = K8$。否则指令不执行。

案例一:循环右移指令 ROR 的应用

控制要求:X0 每接通一次,观察输出位组件 K4Y0 在一个循环周期中各位状态的变化,并列出输出端口状态变化表。

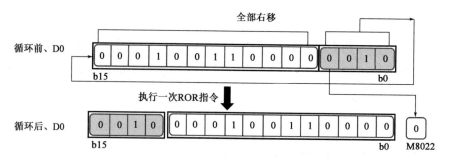

图 5-4-2　循环右移指令 ROR 执行过程

循环右移指令 ROR 的应用程序设计如图 5-4-3 所示。

```
 M8002
 ┤├──────────[MOV K5 K4Y0]      分析程序：
 X0
 ┤├──────────[ROR K4Y0 K4]
 M8022
 ┤├──────────(M0)

 ────────────[ END ]
```

图 5-4-3　循环右移指令 ROR 的应用程序设计

输出端口状态变化表见表 5-4-2。

输出端口状态变化表　　　　　　　　　　　　　　　　表 5-4-2

进位 M8022	Y17	Y16	Y15	Y14	Y13	Y12	Y11	Y10	Y7	Y6	Y5	Y4	Y3	Y2	Y1	Y0	次数
														•		•	0
		•		•													1
						•		•									2
										•		•					3
														•		•	4
		•		•													5

案例二：彩灯循环点亮

控制要求：有 16 盏彩灯 Y17 ~ Y0，按下启动按钮 X0 后，每隔 1s 轮流点亮一盏（Y17 ~ Y0），循环运行，停止按钮为 X1。试用循环右移指令设计出运行程序，如图 5-4-4 所示。

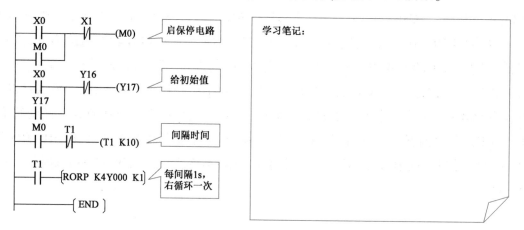

图 5-4-4　循环右移指令应用程序

2. 循环左移指令 ROL

循环左移指令 ROL 的指令要素:见表 5-4-3。

循环左移指令 ROL 的指令要素 表 5-4-3

循环左移指令			操作数
D	FNC31	D	KnY、KnM、KnS、T、C、D、V、Z(Kn 位组件中 n = 4/8)
P	ROL	n	n≤16(16 位指令),n≤32(32 位指令)

循环左移指令执行过程:设(D0)循环前为 H1302,则执行"ROL D0 K4"指令后,(D0)为 H3021,进位标志位(M8022)为 1,如图 5-4-5 所示。当驱动条件满足时,执行指令"ROL D0 K4",把 D0 的数据依次向左移 4 位,左边为高位,也就是移出了高 4 位。移出的高 4 位二进制数循环进入 D0 的低位,即右边,最后移出的一位二进制数同时被传送到进位标志位 M8022,如图 5-4-5"0001"中的"1"。另外,在 ROL 指令中,当终址 D 是 16 位的位组件时,n = K4;当终址 D 是 32 位的位组件时,n = K8。否则指令不执行。

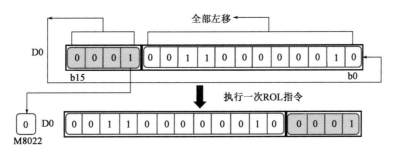

图 5-4-5 循环左移指令 ROL 执行过程

案例一:循环左移指令 ROL 的应用

控制要求:X0 每接通一次,观察输出位组件 K4Y0 在一个循环周期中各位状态的变化,并列出输出端口状态变化表。

循环左移指令 ROL 的应用程序如图 5-4-6 所示。

```
M8002
 ├─┤├──────────[MOV K5 K4Y0]
  X0
 ├─┤↑├─────────[ROL K4Y0 K4]
M8022
 ├─┤├──────────(M0)

       ────────{ END }
```

分析程序:

图 5-4-6 循环左移指令 ROL 的应用程序

输出端口状态变化表见表 5-4-4。

输出端口状态变化表 表 5-4-4

进位 M8022	Y17	Y16	Y15	Y14	Y13	Y12	Y11	Y10	Y7	Y6	Y5	Y4	Y3	Y2	Y1	Y0	次数
														●		●	0
							●			●							1
				●			●										2
		●		●													3
●														●		●	4
							●			●							5

案例二:流水灯的 PLC 控制

控制要求:利用 PLC 实现流水灯控制。某灯光招牌有 24 盏灯,要求按下启动按钮 X0 时,灯以正、反序每 0.1s 间隔轮流点亮;按下停止按钮 X1 时,停止工作。

流水灯的 PLC 控制 I/O 端口配置表见表 5-4-5。

流水灯的 PLC 控制 I/O 端口配置表　　　　　　　　　　表 5-4-5

输入			输出	
输入继电器	输入元件	作用	输出继电器	控制对象
X0	SB1	启动按钮	Y0 ~ Y7	HL1 ~ HL8
X1	SB2	停止按钮	Y10 ~ Y17	HL9 ~ HL16
			Y20 ~ Y27	HL17 ~ HL24

流水灯的 PLC 控制程序设计如图 5-4-7 所示。

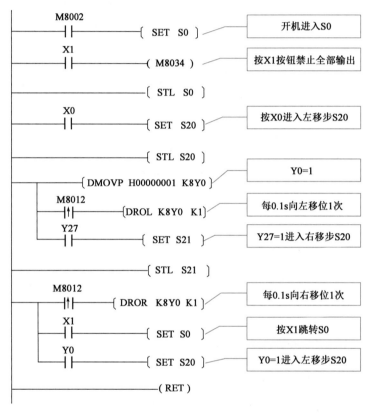

图 5-4-7　流水灯的 PLC 控制程序设计

二、带进位循环移位指令 RCR、RCL

带进位循环右移指令 RCR 和带进位循环左移指令 RCL 都是对字元件中的二进制位进行移位。其中,RCR 指令和 RCL 指令中的 R、L 和上面指令的含义一样:一个表示右移,一个表示左移。所谓带进位,是指在移位的同时,捎带上进位标志位 M8022。

带进位循环移位指令 RCR、RCL 的格式如图 5-4-8 所示。

指令格式:

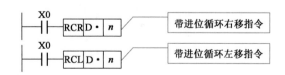

图 5-4-8　带进位循环移位指令 RCR、RCL 的格式

1. 带进位循环右移指令 RCR

带进位循环右移指令 RCR 的指令要素:见表 5-4-6。

带进位循环右移指令 RCR 的指令要素　　　　　　　　　　　　　　　　表 5-4-6

带进位循环右移指令		操作数	
D	FNC32	D	KnY、KnM、KnS、T、C、D、V、Z(Kn 位组件中 $n=4/8$)
P	RCR	n	$n \leqslant 16$(16 位指令),$n \leqslant 32$(32 位指令)

例:

执行指令:　┤├ X0 ─────{ RCR D0 K4 }

带进位循环右移指令 RCR 执行过程如图 5-4-9 所示。当 X0 接通时,执行指令"RCR　D0 K4"。该指令类似于 ROR 指令,但不一样的是,用胶水把进位标志位 M8022 和 D0 粘起来,此时最右边的 4 位显然不仅仅属于 D0,还有一位属于 M8022。执行指令"RCR　D0　K4",进位标志位 M8022 的数首先右移,再轮到把 D0 的 16 个二进制数依次向右移动。移出的 4 位二进制数,包括最先被右移的进位,循环进入 D0 的高位,即左边。显然,移动 4 位后,M8022 的值恰好为 D0 中 b3 的值。

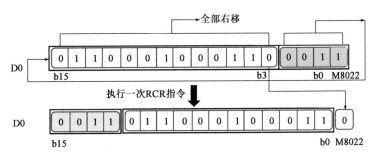

图 5-4-9　带进位循环右移指令 RCR 执行过程

2. 带进位循环左移指令 RCL

带进位循环左移指令 RCL 的指令要素:见表 5-4-7。

带进位循环左移指令 RCL 的指令要素　　　　　　　　　　　　　　　　表 5-4-7

带进位循环左移指令		操作数	
D	FNC33	D	KnY、KnM、KnS、T、C、D、V、Z(Kn 位组件 $n=4/8$)
P	RCL	n	$n \leqslant 16$(16 位指令),$n \leqslant 32$(32 位指令)

例:

执行指令:　┤├ X0 ─────{RCL　D0　K4}

带进位循环左移指令 RCL 执行过程如图 5-4-10 所示。当 X0 接通时,执行指令"RCL D0 K4",用胶水把进位标志位 M8022 和 D0 粘起来,此时最左边的 4 位显然不仅仅属于 D0,还有 1 位属于 M8022。此时 M8022 的值依然是首先被移动的那位,另外,执行完指令后,此时 M8022 的值为 D0 中 b12 的值。

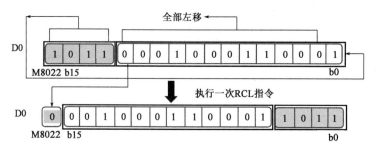

图 5-4-10 带进位循环左移指令 RCL 执行过程

任务实践

16 个广告灯管的点亮控制

1. 控制要求

现有 16 个广告灯管(HL1～HL16)接于 PLC 的 K4Y0,要求 X0 状态为 on 时,广告灯管 HL1～HL16 以正序每隔 1s 轮流点亮,当 HL16(Y15)亮后,停 10s;然后,反序每隔 1s 轮流点亮,当 HL1(Y0)再亮后,停 10s,重复上述过程。当 X1 状态为 on 时,广告灯停止工作。注意:每次只点亮一个广告灯管。

2. 程序设计(要求用两种方法)

方法一:	方法二:

思考:每次点亮下一个广告灯管,上一个广告灯管不熄灭,程序又该如何设计?

课后巩固

循环移位指令在工程项目中的综合应用

1. 控制要求

第一步:从 16 号灯到 1 号灯按顺序点亮,即 16 号灯亮后熄灭,15 号灯亮后熄灭,14 号灯亮后熄灭,……,每灯亮 0.5s。

第二步:从 1 灯到 16 灯按顺序依次被点亮,即 1 号灯亮后,2 号灯亮后,3 号灯亮后,……,直到 16 号灯全部点亮。每灯点亮间隔时间为 0.5s。

第三步:16 灯全部点亮 1s 后全部熄灭,16 灯全灭全亮 3 次,每次亮 1s,间隔 1s。

第四步:16 灯分为两组,每次点亮两灯,按顺序从两端向中间移动,即 1 号、2 号、15 号、16 号灯亮后熄灭,3 号、4 号、13 号、14 号灯亮后熄灭,……,每灯亮 1s。

联合执行:前四步按顺序循环执行。

注意:

(1)前述四步都有共用的启、停程序段。

(2)前述四步按顺序执行,即按时间顺序依次执行。

2.写出验证程序

拓展提升

一、位元件的循环移位指令 SFTR、SFTL

位元件的循环移位指令 SFTR、SFTL 的格式如图 5-4-11 所示。

指令格式：

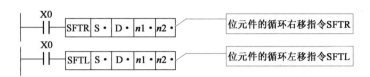

图 5-4-11　位元件的循环移位指令 SFTR、SFTL 的格式

位元件的循环右移指令 SFTR 和位元件的循环左移指令 SFTL 的操作数有 4 个,其中源址 S 指所移动的位组件的首址,终址 D 指被移入数值的位组件的首址,S、D 适用的软元件为位元件。$n1$ 指终址 D 的长度(位数),$n2$ 指源址 S 的位数,且要求 $n2 < n1 < 1024$。它们有连续执行型和脉冲执行型两种执行形式,可以用于 16 位,但不可用于 32 位。

1. 位元件的循环右移指令 SFTR

位元件的循环右移指令 SFTR 的指令要素:见表 5-4-8。

位元件的循环右移指令 SFTR 的指令要素　　表 5-4-8

位元件的循环右移指令		操作数	
D	FNC34 SFTR	D	Y、M、S
P		n	$n \leqslant 16$(16 位指令)

例：

执行指令：

```
      X10
 ──┤├──────[SFTR  X0  M0  K12  K4]
```

位元件的右移位指令 SFTR 执行过程如图 5-4-12 所示。当 X10 接通时,执行指令"SFTR　X0　M0　K12　K4"。根据定义,X 的位组件 X3 ~ X0 为源操作数,共 4 位。目的操作数为 M 的位组件 M11 ~ M0,共 12 位。执行 SFTR 指令后,X3 ~ X0 的 0110 分别向 M11 ~ M0 右移,顺便把 M3 ~ M0 原来的值 1001 挤掉。显然,在指令执行完毕后,X3 ~ X0 的值保持不变,而 M11 ~ M0 中的 M11 ~ M8 的值被 X3 ~ X0 的 0110 覆盖,且 M3 ~ M0 原来的值 1001 被舍去,变为 0110。

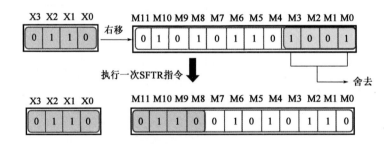

图 5-4-12　位元件的右移位指令 SFTR 执行过程

2. 位元件的循环左移指令 SFTL

位元件的循环左移指令 SFTL 的指令要素:见表 5-4-9。

位元件的循环左移指令 SFTL 的指令要素　　表 5-4-9

位元件的循环左移指令		操作数	
D	FNC34 SFTL	D	Y、M、S
P		n	$n \leqslant 16$(16 位指令)

例：

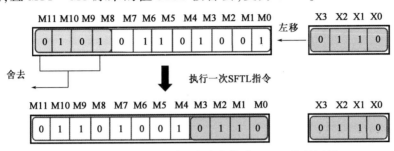

位元件的循环左移指令 SFTL 执行过程如图 5-4-13 所示。当 X10 接通时,执行指令"SFTL X0 M0 K12 K4"。执行 SFTL 指令后,X3 ~ X0 的 0110 分别向 M3 ~ M0 左移,把 M11 ~ M8 原来的值 0101 向左挤掉。显然,在 SFTL 指令执行完毕后,X3 ~ X0 的值保持不变,M3 ~ M0 的值被 X3 ~ X0 的 0110 覆盖,且 M11 ~ M8 原来的值 0101 被舍去,变为 0110。

图 5-4-13 位元件的循环左移位指令 SFTL 执行过程

 注意：

(1) 在应用 SFTR 指令、SFTL 指令时,最好使用脉冲执行型 SFTRP、SFTLP。

(2) 源址 S、终址 D 可以用同种位元件,此时应注意它们的编号不能重叠,否则会发生运算错误。

案例：移位控制

控制要求：从右边起每间隔 1s 移动到左边,接着又从左边每间隔 1s 移动到右边,循环。

程序设计：移位控制程序设计如图 5-4-14 所示。

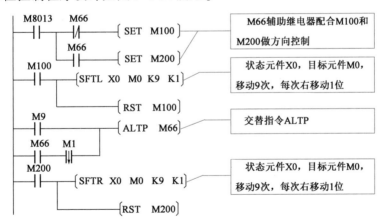

图 5-4-14 移位控制程序设计

二、字元件的循环移位指令 WSFR、WSFL

字元件的循环移位指令 WSFR、WSFL 的格式如图 5-4-15 所示。

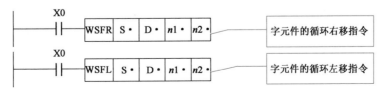

图 5-4-15 字元件的循环移位指令 WSFR、WSFL 的格式

字元件的循环移位指令 WSFR、WSFL 的操作数也有 4 个,其中,源址 S 指所移动的字元件组合的首址,终址 D 指被移入数值的字元件组合的首址,S、D 的适用软元件为字元件。n1 指终址 D 的元件个数,n2 指源址 S 的元件个数,且在 $n2 < n1 < 512$ 的范围内。类似 SFTR 指令和 SFTL 指令,WSFR 指令、WSFL指令的差别在于其操作元件为字元件,而 SFTR 指令和 SFTL 指令的操作元件是位元件。

1. 字元件的循环右移指令 WSFR

字元件的循环右移指令 WSFR 的指令要素:见表 5-4-10。

字元件的循环右移指令 WSFR 的指令要素

字元件的循环右移指令		操作数	
D	FNC32	D	KnY、KnM、KnS、T、C、D、V、Z（Kn 位组件中 $n=4/8$）
P	WSFR	n	$n≤16$（16 位指令）,$n≤32$（32 位指令）

例:

执行指令: ├─┤X10├─{WSFR D20 D0 K12 K4}

字元件的循环右移指令 WSFR 的执行过程如图 5-4-16 所示。当 X10 接通时,执行指令"WSFR D20 D0 K12 K4"。根据定义,终址 D 的字元件组合 D23~D20 为源操作数,共 4 个,目的操作数为 D 的位组件 D11~D0,共 12 个。执行 WSFR 指令后,D23~D20 的数据分别向 D11~D0 右移,把 D3~D0 原来的数据挤掉。显然,在指令执行后,D23~D20 的值保持不变,而 D11~D0 中的 D11~D8 的值被 D23~D20 的数据覆盖,且 D3~D0 原来的数据被舍去。

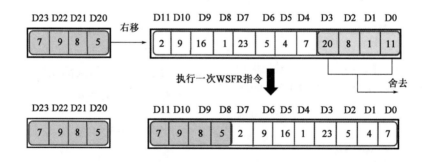

图 5-4-16 字元件的循环右移指令 WSFR 的执行过程

2. 字元件的循环左移指令 WSFL

字元件的循环左移指令 WSFL 的指令要素:见表 5-4-11。

字元件的循环左移指令 WSFL 的指令要素 表 5-4-11

字元件的循环左移指令		操作数	
D	FNC33	D	KnY、KnM、KnS、T、C、D、V、Z（Kn 位组件中 $n=4/8$）
P	WSFL	n	$n≤16$（16 位指令）,$n≤32$（32 位指令）

例：

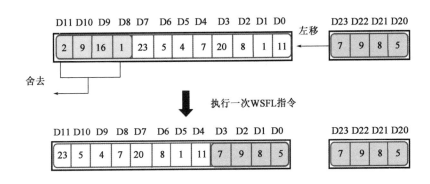

执行指令：　　X0　　　　WSFL　D20　D0　K12　K4

字元件的循环左移指令 WSFL 的执行过程如图 5-4-17 所示。当 X10 接通时,执行指令"WSFL D20 D0 K12 K4"。根据定义,终址 D 的组合字元件 D23～D20 为源操作数,共 4 个,目的操作数为 D 的位组件 D11～D0,共 12 个。执行 WSFL 指令后,D23～D20 的数据分别向 D11～D0 左移,把 D11～D8 原来的数据挤掉。显然,在 WSFL 指令执行后,D23～D20 的值保持不变,而 D11～D0 中的 D3～D0 的值被 D23～D20 的数据覆盖,且 D23～D20 原来的数据被舍去。

图 5-4-17　字元件的循环左移指令 WSFL 的执行过程

注意:
(1) 在应用 WSFR 指令、WSFL 指令时,最好使用脉冲执行型 WSFRP、WSFLP。
(2) 源址 S、终址 D 可以用同种字元件,此时应注意它们的编号不能重叠,否则会发生运算错误。

✎　任务中自己发现的问题应如何解决?

任务测评

评价内容	评价标准	分值(分)	学生互评	组长评分	教师评分
课前导学完成情况	完成质量,知识掌握情况	20			
外部接线	按照电气控制原理图接线	10			
I/O 地址分配	I/O 地址分配正确、合理	5			
程序设计	能够完成控制要求	15			
程序调试与运行	程序录入正确(5分),符合控制要求(10分)	15			
处理故障能力	具有创新意识(5分),能排除故障(5分)	10			
安全操作规范	能够规范操作(2分),物品摆放整齐(3分)	5			
课后巩固完成情况	完成质量(10分),知识掌握情况(10分)	20			
合计		100			

触摸屏认识及应用

项目描述

触摸屏是一种新型数字输入设备,利用触摸屏可以直观、方便地进行人机对话,它不但可以对 PLC 进行操控,而且可以实时监控 PLC 的工作状态。触摸屏作为一种新型的电脑输入设备,是目前简单、方便、自然的一种人机交互中介。触摸屏常和 PLC 配合使用,可取代继电-接触器控制系统中的按钮、开关等主令电器,也可取代指示灯、仪表、数字显示等输出器件。触摸屏不仅可以简化其接线,而且工作的可靠性大大提高。触摸屏画面的制作要借助软件来实现。

目前的触摸屏厂商很多,有较大影响的如西门子、三菱、昆仑通态、威纶等。本教材以北京昆仑通态自动化软件科技有限公司(简称昆仑通态)的触摸屏及 MCGS 组态软件为例,对触摸屏及其组态软件知识进行讲解。

▶ 知识目标

1. 掌握 MCGS 软件的安装,并了解 MCGS 软件界面中各窗口的名称及应用。

2. 掌握由触摸屏控制 PLC 的程序编写,并进行调试。

3. 掌握运用触摸屏进行工程项目的控制与监控。

▶ 技能目标

1. 能进行 MCGS 软件的安装。

2. 能灵活地设计符合工业场景的画面。

3. 能编写由触摸屏控制 PLC 的程序,并与触摸屏进行联合调试。

▶ 职业素养

1. 培养精益求精的品质和勇于挑战、攻坚克难的职业精神。

2. 培养在工程实践中发现问题,提出创新性的解决方案,并将其应用在实践中的能力。

项目导图

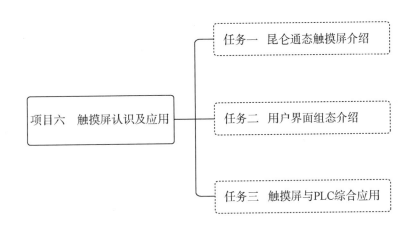

任务一　昆仑通态触摸屏介绍

姓名：	班级：	日期：
自评学习效果：		

学习目标

▶ 知识目标

1. 了解 MCGS 嵌入版组态软件常用术语。

2. 了解 MCGS 软件的安装过程。

3. 了解 MCGS 软件界面中各窗口的名称及应用。

▶ 能力目标

1. 能进行 MCGS 软件安装并应用。

2. 能进行简单界面设计、组态与调试。

▶ 素质目标

培养独立完成工程项目的能力。

工作任务

　　触摸屏(touch screen)，又称触控屏、触控面板，是一种可接收触点等输入信号的感应式液晶显示装置。当用户接触了屏幕上的图形按钮时，屏幕上的触觉反馈系统可根据程序驱动各种连接装置，可用以取代机械式的按钮面板，并借由液晶显示画面制造出生动的影音效果。MCGSE(monitor and control generated system for embeded,嵌入式通用监控系统)是一种用于快速构造和生成监控系统的组态软件，它通过对现场数据的采集处理，以动画显示、报警处理、流程控制和报表输出等多种方式向用户提供解决实际工程问题的方案，在自动化领域有着广泛的应用。本任务介绍 MCGS 软件的安装、界面及如何进行简单应用等。

导学结构图

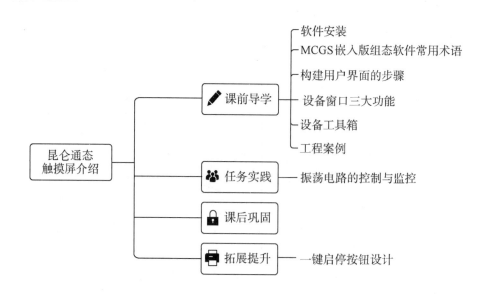

一、软件安装

MCGS 软件可以在 http://www.mcgs.cn 上下载。安装文件包解压之后,运行 Setup.exe 文件。MCGS 软件支持安装在 Windows7、Windows8、Windows10、Windows Me、Windows NT 和 Windows 2000 等系统中。在安装过程中,需要关闭杀毒软件。MCGSE 组态环境和 MCGSE 模拟运行环境如图 6-1-1。两个系统功能对比如图 6-1-2 所示。两部分互相独立,又紧密相关。

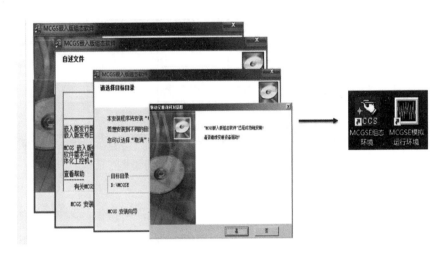

图 6-1-1　MCGSE 组态环境和 MCGSE 模拟运行环境

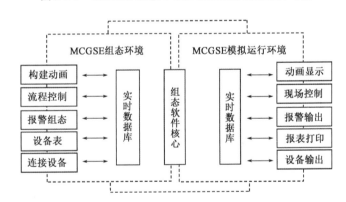

图 6-1-2　MCGSE 组态环境和 MCGSE 模拟运行环境功能对比

二、MCGS 嵌入版组态软件常用术语

触摸屏和 PLC 一样,既有硬件,也有软件。MCGS 嵌入版组态软件就是专门为 MCGS 触摸屏开发的组态软件。MCGS 嵌入版组态软件常用术语如下:

工程:用户应用系统的简称。引入工程的概念,使复杂的计算机专业技术更贴近普通工程用户。在 MCGS 嵌入版组态环境中生成的文件称为工程文件,后缀为".mce",存放于 MCGS 嵌入版目录的 WORK 子目录中,如"D:\MCGS\WORK\MCGS 例程 1.mce"。

对象:操作目标与操作环境的统称,如窗口、构件、数据、图形等。

选中对象:单击窗口或对象,使其处于可操作状态,称此操作为选中对象。被选中的对象(包括窗口)也叫当前对象。

组态:在窗口环境内,进行对象的定义、制作和编辑,并设定其状态特征(属性)参数,将此项工作称为组态。

属性:对象的名称、类型、状态、性能及用法等特征的统称。

菜单:执行某种功能的命令集合。例如,系统菜单中的"文件"菜单命令是用来处理与工程文件有关的执行命令。位于窗口顶端菜单栏内的菜单命令称为顶层菜单,一般分为独立的菜单项和下拉菜单两种形式。下拉菜单还可分成多级,每一级称为次级子菜单。

策略:对系统运行流程进行有效控制的措施和方法。

启动策略:在进入运行环境后首先运行的策略,只运行一次,一般完成系统初始化的处理。该策略由 MCGS 自动生成,具体处理的内容由用户充填。

循环策略:按照用户指定的周期,循环执行策略模块内的内容,通常用来完成流程控制任务。

退出策略:退出运行环境时执行的策略。该策略由 MCGS 自动生成,自动调用,一般由该策略模块完成系统结束运行前的善后处理任务。

用户策略:由用户定义,来完成特定的功能。用户策略一般由按钮、菜单、其他策略来调用执行。

事件策略:当开关型变量发生跳变时(由 1 到 0 或由 0 到 1)执行的策略,只运行一次。

热键策略:当用户按下定义的组合键(如 Ctrl + D)时执行的策略,只运行一次。

可见度:对象在窗口内的显现状态,即可见与不可见。

变量类型:MCGS 定义的变量有五种类型,即数值型、开关型、字符型、事件型和组对象。

事件对象:用来记录和标识某个事件的产生或状态的改变,如开关量的状态发生变化。

组对象:用来存储具有相同属性的多个变量的集合,内部成员可包含多个其他类型的变量。组对象只是有关联的某一类数据对象的整体表示方法,而实际的操作则均针对每个成员进行。

动画刷新周期:动画更新速度,即颜色变换、物体运动、液面升降的快慢等,以毫秒为单位。

父设备:本身没有特定功能,但可以和其他设备一起与计算机进行数据交换的硬件设备,如串口父设备。

子设备:必须通过一种父设备与计算机进行通信的设备,如西门子 S7200PPI、研华 4013 模块等。

三、构建用户界面的步骤

1.新建工程

打开软件,单击"项目创建",在"新建工程"—TPC 中选择触摸屏类型,单击"确定"。如图 6-1-3 所示。

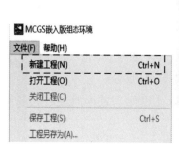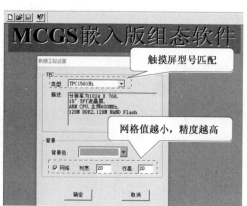

图 6-1-3 新建工程

注意:如果已完成项目建设,发现触摸屏型号选错了,可以通过"文件"—"工程设置"进行修改。

2. MCGS 嵌入版组态软件工作平台结构组成

(1)工作台。由 MCGS 嵌入版生成的用户应用系统,其结构由主控窗口、设备窗口、用户窗口、实时数据库和运行策略五个部分构成,如图 6-1-4 所示。

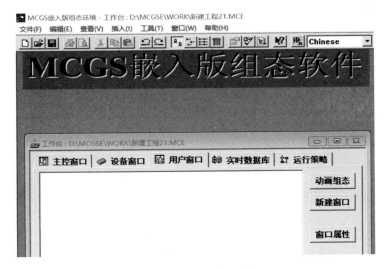

图 6-1-4　工作台组成

(2)各窗口功能及包括的要素如图 6-1-5 所示。

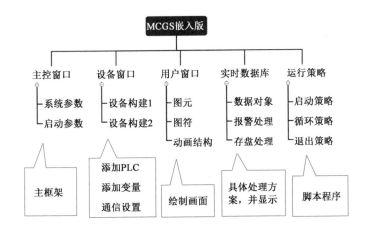

图 6-1-5　各窗口功能及包括的要素

①主控窗口构造了应用系统的主框架。

②设备窗口是 MCGS 嵌入版系统与外部设备联系的媒介。

③用户窗口实现了数据和流程的可视化。

④实时数据库是 MCGS 嵌入版的核心。

⑤运行策略是对系统运行流程实现有效控制的手段。

四、设备窗口三大功能

1. 功能一:添加 PLC

①进入工作台界面,打开"设备窗口",双击"设备窗口",如图 6-1-6 所示。

图 6-1-6　双击"设备窗口"

②在设备窗口任意空白处右击,选择"设备工具箱",如图 6-1-7 所示。

图 6-1-7　打开设备工具箱

③单击"设备管理",选定对应的 PLC 和父设备,如图 6-1-8 所示。

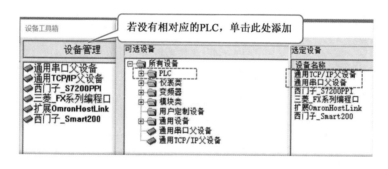

图 6-1-8　选定对应的 PLC 和父设备

④在"设备管理"中先双击父设备,再双击子设备(图 6-1-9),完成设备组态。

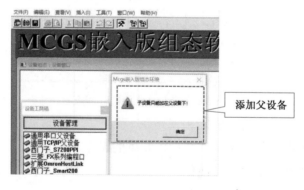

图 6-1-9　添加父设备

2.功能二:添加变量

添加变量如图 6-1-10 所示。

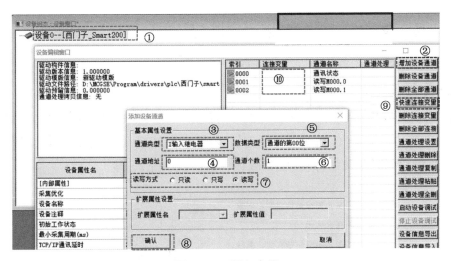

图 6-1-10 添加变量

①双击添加的"设备"。

②单击"增加设备通道",添加变量。

③选择"通道类型"(触摸屏不能直接控制 L0.0、X1,但可以监控)。

④设置"通道地址"(如 M2.1,通道地址设置为 2)。

⑤选择"数据类型"(如 Q3.4,通道地址设置为 3,数据类型设置为第 4 位)。

⑥设置"通道个数"(如 Y0 ~ Y7,就设置 8)。

⑦点选"读写方式"。

⑧单击"确认"完成通道变量设置。

⑨单击"快速连接变量"。

⑩双击增加的连接变量,修改名称(也可以不修改)。

3. 功能三:通信设置

在触摸屏和 PLC 都支持以太网的情况下,本地 IP 地址是触摸屏地址,远端 IP 地址是 PLC 地址,地址的前三项相同,最后一项设置不同,如图 6-1-11 所示。

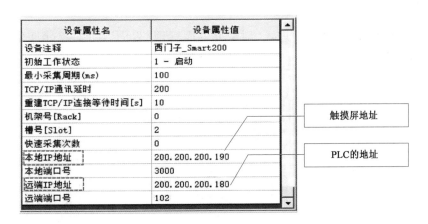

图 6-1-11 设备编辑窗口

 注意:触摸屏地址和触摸屏软件的地址要一样。

五、设备工具箱

单击工具条(图 6-1-12)中的"工具箱"按钮,可以看到设备工具箱中的工具。

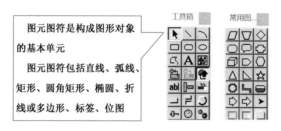

图 6-1-12　工具条

1. 设置图元图符

图元图符如图 6-1-13 所示。图元图符属性分为静态属性和动画连接两个部分,如图 6-1-14 所示。其中,动画连接共有 4 类(包括颜色动画连接、位置动画连接、输入输出连接、特殊动画连接),11 种。一个对象可以同时定义多种动画(如颜色、位置、大小等)连接。

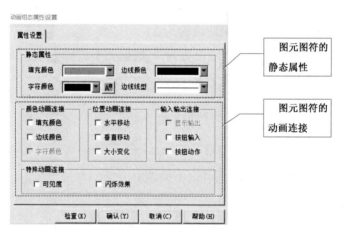

图元图符是构成图形对象的基本单元

图元图符包括直线、弧线、矩形、圆角矩形、椭圆、折线或多边形、标签、位图

图 6-1-13　图元图符

图元图符的静态属性

图元图符的动画连接

图 6-1-14　动画组态属性设置

2. 插入元件

在"工具箱"中单击"插入元件",进入"对象元件库管理"界面,在"对象元件列表"中选择需要插入的元件,单击"确定",完成插入元件,如图 6-1-15 所示。

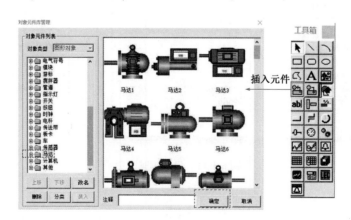

图 6-1-15　插入元件

3. 构建动画

双击"设备窗口",构建动画(如流动块、百分比填充、滑动输入器等)如图 6-1-16 所示。

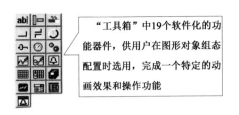

"工具箱"中19个软件化的功能器件,供用户在图形对象组态配置时选用,完成一个特定的动画效果和操作功能

图 6-1-16　构建动画

六、工程案例

1. 控制要求

现有一台三菱 FX3U 系列 PLC,拟采用分辨率为 1024px×600px,10.2″TFT 液晶屏,ARM CPU,主频 600MHz,128M DDR2,128M NAND 的触摸屏进行项目开发,屏幕背景设置为青色,网格的列宽 15、行高 15。

(1)设置连续的两个 M 辅助寄存器,功能分别为启动、停止。

(2)通过触摸屏监控 Y0 的运行情况。

2. 操作过程

第一步:程序录入。

(1)打开三菱 PLC 编程软件"GX Works2",录入图 6-1-17 所示的程序。

(2)将程序写入 PLC,注意不要将软件置于监控模式,或直接关闭编辑软件。

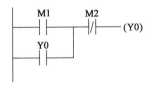

图 6-1-17　录入的程序

第二步:组态。

(1)新建工程

打开文件,选择新建工程,选择类型,设置背景色,设置"网格",单击"确定",完成新建工程,具体如图 6-1-18 所示。

网格用于帮助设计者查看元件大小和位置

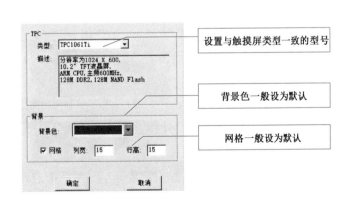

图 6-1-18　新建工程

(2)组态设备窗口

组态设备包括以下五步,具体如图 6-1-19 所示。

①单击进入工作台的"设备窗口",双击"设备窗口"。

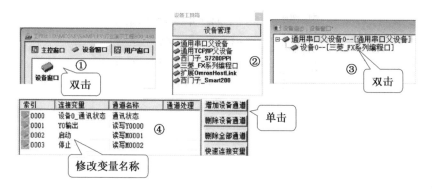

图 6-1-19　组态设备

②在空白处右击,选择"设备工具箱",选择"设备管理",增加"通用串口父设备"和"三菱 FX 系列编程口"。

③双击"三菱 FX 系列编程口",打开"设备管理窗口"。

④单击"增加设备通道",增加启动信号 M1、停止信号 M2、指示灯信号 Y0。

⑤单击"确定",完成设备窗口组态。

(3)组态用户窗口

①打开组态用户窗口,具体如图 6-1-20 所示。具体步骤如下:

第一步:单击工作台的"用户窗口"。

第二步:单击"新建窗口"(可多次单击,新建多个窗口)。

第三步:单击"窗口属性",修改创建的窗口名称和设置窗口属性。

第四步:单击"确定",完成用户窗口组态。

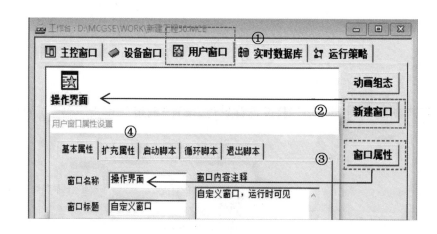

图 6-1-20　组态用户窗口

②双击组态好的用户窗口,设计用户界面(插入所需元件),主要设置元件的基本属性和功能属性。

a.元件的基本属性设置。根据控制要求,插入一个启动按钮,一个停止按钮和一个指示灯,如图 6-1-21 所示。具体步骤如下:

第一步:绘制按钮(启动和停止),并通过文本修改名称。

第二步:插入指示灯,单击"工具箱"的"插入元件",在"对象元件列表"中找到相应的指示灯。

第三步:用"标签"注释指示灯(Y0 无边框,无填充颜色)。

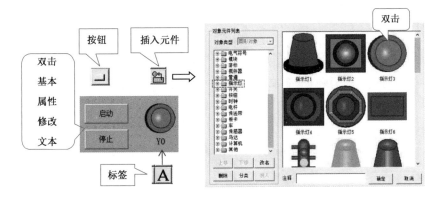

图 6-1-21　绘制元件并设置基本属性

b. 元件的功能属性设置。

按钮的功能属性设置如图 6-1-22 所示。具体步骤如下：

第一步：双击元件（启动或停止）。

第二步：选择"操作属性"，勾选"数据对象值操作"，选择"按 1 松 0"，单击"?"进行关联。

第三步：点选"根据采集信息生成"。

第四步：选择"M 辅助寄存器"，启动按钮的"通道地址"为 1，停止按钮的"通道地址"为 2。

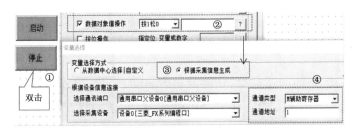

图 6-1-22　按钮的功能属性设置

指示灯的功能属性设置如图 6-1-23 所示。具体步骤如下：

第一步：双击元件（指示灯）。

第二步：建立"数据对象连接"，单击"?"进行关联。

第三步：点选"根据采集信息生成"。

第四步：选择"Y 输出寄存器"，指示灯的"通道地址"为 0。

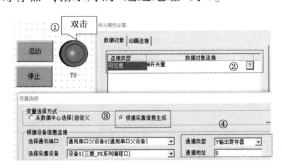

图 6-1-23　指示灯的功能属性设置

（4）下载工程并运行

工程下载与运行如图 6-1-24 所示。具体步骤如下：

第一步：单击"下载"按钮。

第二步：单击"模拟运行"（若有触摸屏，点选"连机运行"）。

第三步：单击"工程下载"。

第四步：单击"确定"。

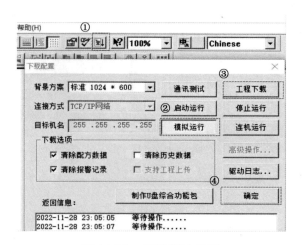

图 6-1-24　工程下载与运行

任务实践

振荡电路的控制与监控

现有一台三菱 FX3U 系列 PLC,拟采用分辨率为 1024px × 600px,10.2" TFT 液晶屏,ARM CPU,主频 600MHz,128M DDR2,128M NAND 的触摸屏进行项目开发,屏幕背景设置为青色,网格的列宽15、行高 15。

控制要求:

(1)设置连续的 3 个 M 辅助寄存器,功能分别为启动、停止、急停。

(2)通过触摸屏监控 Y0、Y1、Y2。其中,Y0 和 Y1 控制指示灯交替点亮(1s 点亮,1s 熄灭),Y2 控制马达,启动按钮按下时连续运行。停止按钮和急停按钮按下时三者停止运行。

(3)触摸屏的 IP 地址是 192.168.02.10。

(4)PLC 的 IP 地址是 192.168.02.08。

课后巩固

1.如果已完成项目建设,发现触摸屏型号选错了,怎么办?

2.主控窗口、设备窗口、用户窗口、实时数据库和运行策略五部分的作用分别是什么?

拓展提升

一键启停按钮设计

控制要求:按下按钮显示绿色,表示启动;再按一次,显示红色,表示停止。

1. 用户窗口设计

按照图6-1-25,打开"常用图元图符",添加一个"凹面"和"凸面"。

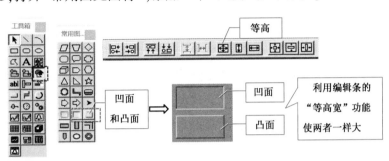

图6-1-25　常用符号

2. 设置按钮属性和动作

(1)双击图6-1-25所示的凸面,弹出"动画组态属性设置"窗口。如图6-1-26所示,在"属性设置"的静态属性中,填充颜色改为"红色",然后勾选"按钮动作",进入"按钮动作"设置界面。如图6-1-27所示,勾选"数据对象值操作",选择"取反",选择事先添加的变量M1,单击"确定"退出。

图6-1-26　属性设置

图6-1-27　按钮动作设置

(2)同设置凸面一样,设置"凹面",不同的是将"填充颜色"设置为绿色,选择事先添加的变量M0。

3. 设置按钮功能

前面进行了变量设置,接下来设置其功能,即第一次按下为启动,第二次按下为停止,依次相同。

(1)在图6-1-26中,勾选"可见度",单击最上方出现的"可见度",进入"可见度"设置界面。如图6-1-28所示,变量仍然选M1,在"当表达式非零时"选项中点选"对应图符可见",单击"确定",完成按下时,显示绿色(启动)设置。完成凹面的"可见度"设置,变量添加选择M0。

(2)利用"工具箱"中的"标签"和编辑条的"中心对齐",对凹面和凸面进行注释,即凹面注释为"启动",凸面注释为"停止",将"启动"和凹面(绿色)中心对齐,将"停止"和凸面(红色)中心对齐,如图6-1-29所示。

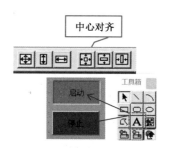

图 6-1-28　凹面和凸面可见度设置　　　　　　图 6-1-29　增加注释

（3）字体也要进行可见度设置（进入凹面时显示"启动"，进入凸面实时显示"停止"）。双击"启动"字样，勾选"可见度"进入"可见度"设置界面。变量选择 M1，在"当表达式非零时"中点选"对应图符可见"（非零时，即按钮被按下时为1，呈现凹面，处于启动状态，此时"启动"两字可见），如图 6-1-30 所示。用同样的方法设置"停止"字样可见度，如图 6-1-31 所示。区别：在"当表达式非零时"中点选"对应图符不可见"（非零时，即按钮被按下时为1，呈现凹面，处于启动状态，此时"停止"两字不可见）。

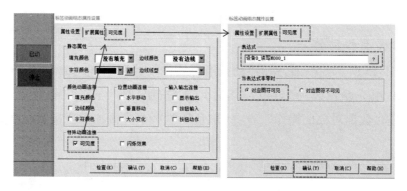

图 6-1-30　字体"启动"可见度设置

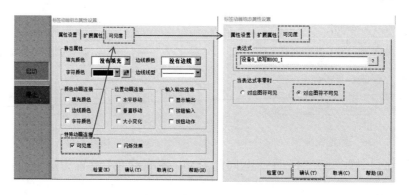

图 6-1-31　字体"停止"可见度设置

4.合成按钮

前面的设置分步进行，但一键启停按钮是一个元件，所以将其合并。同时选中凹面和启动注释，右击，选择"排列"，选择"合成单元"，将两者合为一体。同样，凸面和停止注释也要合为一体。最后将凹面和凸面中心对齐，也进行合成，如图 6-1-32 所示。

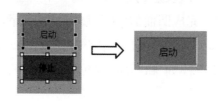

图 6-1-32　合成设置

5．下载并运行

为了方便今后调用，可以将做好的元件保存至元件库中。单击做好的元件，单击"保存元件"，单击"确定"。元件存入"对象元件列表"，可进行改名、分类等，单击"确定"，完成保存操作，如图6-1-33所示。

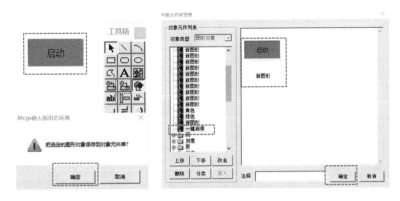

图 6-1-33　保存元件

✎ **任务中自己发现的问题应如何解决？**

任务测评

评价内容	评价标准	分值(分)	学生互评	组长评分	教师评分
课前导学完成情况	完成质量，知识掌握情况	20			
触摸屏类型选择	组态软件和触摸屏类型是否一致	10			
触摸屏的 IP 地址	按要求设置触摸屏的 IP 地址	10			
PLC 的 IP 地址	按要求设置 PLC 的 IP 地址	10			
项目功能	程序录入正确(5分)，符合控制要求(10分)	15			
画面内容	功能元件齐全(5分)，具有创新意识(5分)	10			
安全操作规范	能够规范操作(2分)，物品摆放整齐(3分)	5			
课后巩固完成情况	完成质量(10分)，知识掌握情况(10分)	20			
合计		100			

任务二　用户界面组态介绍

姓名：	班级：	日期：
自评学习效果：		

学习目标

▶ **知识目标**

1. 了解 MCGS 自带脚本程序的应用。

2. 掌握用户界面组态方法和步骤。

▶ **能力目标**

1. 能应用 MCGS 软件设计用户登录界面,并实现权限管理。

2. 能根据工程项目需要设计登录界面,验证其有效性和可用性。

▶ **素质目标**

1. 培养在工程实践中发现问题,提出创新性的解决方案,并将其应用在实践中的能力。

2. 培养创新能力和设计能力。

工作任务

工业界面要易于广大用户使用,并能带来良好的体验,且能保证安全。本任务利用 MCGS 提供的面向界面模式的构件库实现界面登录、密码录入、管理权限设置等。程序员可以直接设计用户界面,强有力地保证界面的可用性。本任务详细介绍了用户登录界面的设计与实现,并通过项目案例验证用户登录界面的设计与实现,验证其有效性和可用性。

导学结构图

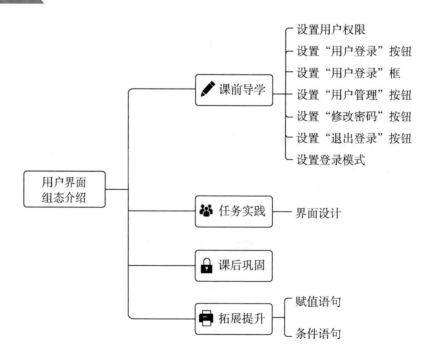

用户管理主要是为了实现触摸屏的安全操作。在工业过程控制中,应该尽可能避免现场人为误操作所引发的故障或事故。某些误操作所带来的后果有可能是致命性的,通过用户管理严格限制各类操作的权限,可以使不具备操作资格的人员无法进行操作,从而避免现场操作的任意性和无序状态,防止因误操作干扰系统的正常运行,甚至导致系统瘫痪,造成不必要的损失。

在实际应用中,当需要进行操作权限控制时,一般都在用户窗口中增加四个按钮,即用户登录、用户管理、修改密码、退出登录;在每个按钮属性窗口的脚本程序属性页中分别输入四个函数即!LogOn( )、!Editusers( )、ChangePassword( )、!LogOff( )。这样,运行时就可以通过这些按钮来进行登录等操作。

一、设置用户权限

用户权限设置包括用户组名设置和用户名设置。一般先分组(用户组名设置),再增加成员(用户名设置)。

首先在"设备窗口"中添加对应的 PLC,并存盘;然后在"工具"栏的下拉菜单中选择"用户权限管理"。图 6-2-1 所示为用户权限管理设置与用户界面组态范例,图 6-2-2 所示为用户管理界面。

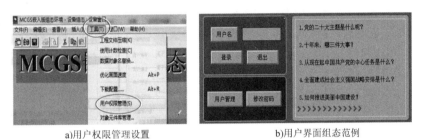

a)用户权限管理设置　　　　b)用户界面组态范例

图 6-2-1　用户权限管理设置与用户界面组态范例

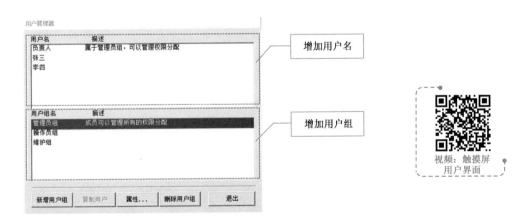

图 6-2-2　用户管理器界面

案例权限说明:管理员组成员可以打开所有界面,操作员组成员可以打开自动界面、手动界面、监控界面,维护组成员只能打开报警界面和故障界面。界面见图 6-2-5。

1.新增用户组名

新增用户组名如图 6-2-3 所示。具体步骤如下:

第一步:光标移至"用户组名"框,单击"新增用户组"。

第二步:填写用户组名称和用户组描述(可以不写)。

第三步:单击"确认",完成设置用户组。

图 6-2-3 新增用户组名

2. 增加用户名

增加用户名,如图 6-2-4 所示。具体步骤如下:

第一步:光标移至"用户名"框,单击"新增用户"。

第二步:在"用户属性设置"中设置用户名称、用户描述、密码及用户权限(权限根据实际情况分配,一个用户名可以有多个权限)。

第三步:单击"确认",完成设置用户名。

图 6-2-4 增加用户名

注意:先设置用户组,再设置用户名。一个用户组可以同时有多个用户名。一个用户名可以同时在几个用户组。

3. 设置用户窗口切换功能

用户窗口建立根据工程需要而定,建立多个窗口,如图 6-2-5 所示。

图 6-2-5 多个窗口

必须在各个窗口建立切换按钮才能进行权限设置。以"打开手动界面"按钮为例,设置其权限(图 6-2-6),具体步骤如下:

第一步：双击打开某一窗口，建立"打开手动界面"按钮（其他界面切换按钮设置雷同）。

第二步：单击"打开手动界面按钮"的"基本属性"，单击"权限"。

第三步：勾选用户权限（手动界面的权限有管理员和操作员）。

第四步：单击"确认"按钮，完成权限设置。

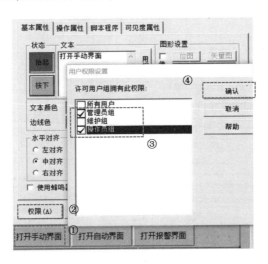

图 6-2-6　"权限"设置

二、设置"用户登录"按钮

"用户登录"按钮设置如图 6-2-7 所示。具体步骤如下：

第一步：在"用户管理"界面中拖拽出一个"按钮"，改名为"登录"。

第二步：双击此"按钮"，进入标准按钮构件属性设置。

第三步：选择"脚本程序"，单击"按下脚本"，单击"打开脚本程序编辑器"。

第四步：打开"系统函数"中的"用户登录操作"，双击"！LogOn( )"。

第五步：单击"确认"按钮，完成用户登录设置。

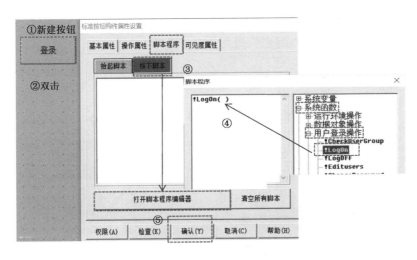

图 6-2-7　"用户登录"按钮设置

三、设置"用户登录"框

在"用户登录"框中显示出用户名如图 6-2-8 所示。具体步骤如下：

第一步：在"用户管理"界面中拖拽"标签"绘制出一个输出框，作为用户名录入框，并标记为"用户名"。

第二步:双击"输出框",进入属性设置。勾选"输入输出连接"的"显示输出"。

第三步:单击"显示输出",选择变量——"UserName"(注意勾选字符串输出)。

第四步:单击"确定"按钮,完成用户登录框设置。

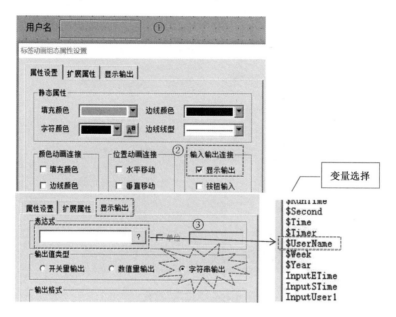

图 6-2-8 "用户名显示框"设置

四、设置"用户管理"按钮

"用户管理"按钮只有负责人可以操作,主要修改用户名、添加用户、删除用户名等,如图 6-2-9 所示。具体步骤如下:

第一步:在"用户管理"界面中拖拽出一个按钮,改名为"用户管理"。

第二步:双击"用户管理"按钮,进入标准按钮构件属性设置。

第三步:选择"脚本程序",单击"按下脚本",单击"打开脚本程序编辑器"。

第四步:打开"系统函数"中的"用户登录操作",双击"! Editusers( )"。

第五步:单击"确认"按钮,完成"用户管理"按钮设置。

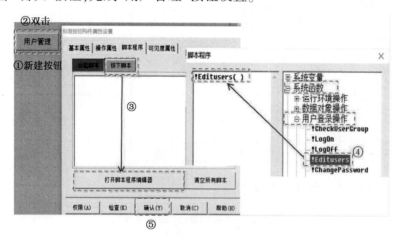

图 6-2-9 "用户管理"按钮设置

五、设置"修改密码"按钮

"修改密码"按钮所有人可以操作,主要用来修改用户界面的密码,设置如图 6-2-10 所示。具体步骤如下:

第一步：在"用户管理"界面中拖拽出一个按钮，改名为"修改密码"。

第二步：双击此"修改密码"按钮，进入标准按钮构件属性设置。

第三步：选择"脚本程序"，单击"按下脚本"，单击"打开脚本程序编辑器"。

第四步：打开"系统函数"中的"用户登录操作"，双击"！ChangPassword( )"。

第五步：单击"确认"按钮，完成"修改密码"按钮设置。

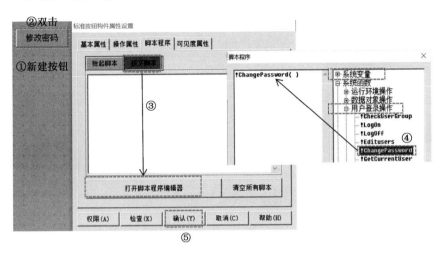

图 6-2-10　"修改密码"按钮设置

六、设置"退出登录"按钮

"退出登录"按钮设置如图 6-2-11 所示。具体步骤如下：

第一步：在"用户管理"界面中建立一个按钮，改名为"退出登录"。

第二步：双击此"退出登录"按钮，进入标准按钮构件属性设置。

第三步：选择"脚本程序"，单击"按下脚本"，单击"打开脚本程序编辑器"。

第四步：打开"系统函数"中的"用户登录操作"，双击"！ LogOff( )"。

第五步：单击"确认"，完成"退出登录"按钮设置。

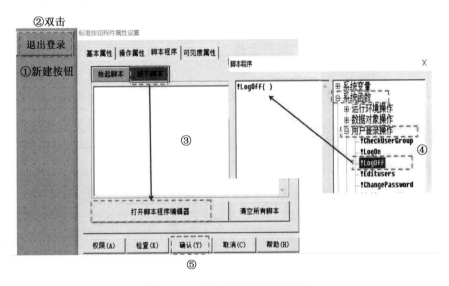

图 6-2-11　"退出登录"按钮设置

七、设置登录模式

打开主控窗口，右击进入主控窗口属性设置，选择"进入登录，退出不登录"，如图 6-2-12 所示。

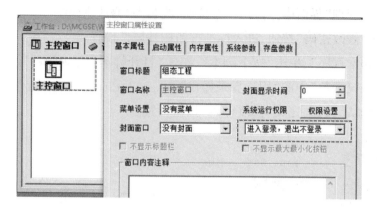

图 6-2-12　登录模式设置

任务实践

界面设计

根据课前导学,完成图 6-2-13 所示的界面设置样板。

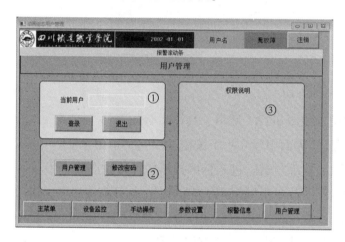

图 6-2-13　界面设置样板

设计要求:

(1)设计 6 个窗口,分别为主菜单、设备监控、手动操作、参数设置、报警信息、用户管理。各窗口之间可以进行切换。

(2)在"用户管理"窗口设置①②③3 个小窗口。用户组名包括负责人、操作组、维护组。三组中的成员依次为张三、李四、王五。其中,张三是负责人,进入所有界面都不需要录入密码。李四可以进入手动操作、参数设置、主菜单、用户管理。李四进入他的权限界面密码为 123。王五可以进入主菜单、设备监控、报警信息、用户管理。王五进入他的权限界面密码是 456。

(3)张三通过用户管理可以增加新用户,也可以删除用户。

(4)每个人都可以修改自己的密码。

课后巩固

通过学习视频,设计关于学习党的二十大精神或与时政相关的触摸屏项目。

拓展提升

一、赋值语句

赋值语句形式为数据对象 = 表达式。

赋值号用"="表示,它的具体含义是:把"="右边表达式的运算值赋给左边的运算对象。赋值号左边必须是能够读写的数据对象。赋值号右边是一个表达式,表达式的类型必须与"="左边数据值的类型相符,否则系统会提示"赋值语句类型不匹配"的错误信息。

> "="左边就像一个篮子,右边是水果等内容。或者是一个杯子,两边类型相同,杯子用来装水,篮子用来装水果。

注意: 组对象、事件型数据对象、只读的内部数据对象、系统函数以及常量均不能出现在赋值号的左边,因为不能对这些对象进行写操作。

例如:要完成一个数 + 另一个数的赋值操作,如图 6-2-14 所示。

图 6-2-14　一个数 + 另外一个数

1. 建立变量

在"实时数据库"中定义 a、b、c 的数据类型(因为进行数据运算,所以类型为"数值型"),如图 6-2-15 所示。

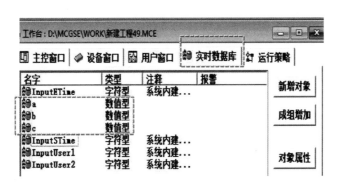

图 6-2-15　定义 a、b、c 的数据类型

2. 关联数据对象

依次关联 a、b、c 的数据对象,如图 6-2-16 所示。

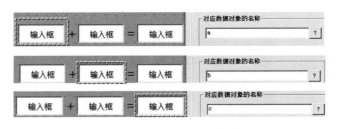

图 6-2-16　关联 a、b、c 的数据对象

3. 设置循环脚本

右击界面空白处,选择"属性",在循环脚本中插入语句"c = a + b",即 a + b 的内容赋值给 c,如图 6-2-17所示。

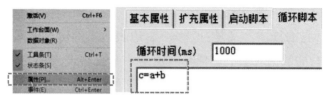

图 6-2-17　循环脚本

二、条件语句

1. IF〖表达式〗THEN
　〖语句〗
　ENDIF

> 可以理解为如果……就……
> 比如,如果天晴,我就去运动

2. IF〖表达式〗THEN
　〖语句〗
　ELSE
　〖语句〗
　ENDIF

> 可以理解为如果……就……否则……
> 比如,如果天晴,我就去运动,否则,我就学习触摸屏。
> else 就是排除了一种情况之后的其他情况。例如,除了天晴,也可以是阴天,也可以是下雪,我都在家学习触摸屏

注意:

(1)条件语句中的四个关键字"if""then""else""endif"不分大小写。若拼写不正确,检查程序会提示错误信息。

(2)条件语句允许多级嵌套,即条件语句中可以包括新的条件语句。

(3)if 语句的表达式一般为逻辑表达式,也可以是值为数值型的表达式。当表达式的值为非 0 时,条件成立,执行"then"后的语句。否则,条件不成立,将不执行该条件模块中包含的语句,开始执行该条件模块后面的语句。

(4)值为字符型的表达式不能作为 if 语句中的表达式。

例 1:IF a > b 时,给 c 赋值 1,如图 6-2-18 所示。

图 6-2-18　IF THEN 语句应用

例 2:IF a > b 时,把 a 赋值给 c,否则,把 b 赋值给 c,如图 6-2-19 所示。

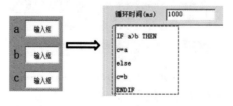

图 6-2-19　IF THEN ELSE 语句应用

✎　**任务中自己发现的问题应如何解决？**

任务测评

评价内容	评价标准	分值(分)	学生互评	组长评分	教师评分
课前导学完成情况	完成质量,知识掌握情况	20			
按要求设置6个窗口	6个窗口可以自如切换	10			
界面设置	与样板窗口很接近,并有创意	10			
用户组、用户名	按要求设置用户组和用户名,并实现功能	15			
用户管理	负责人可以增减用户	10			
修改密码	按要求用户可以修改自己的密码	10			
安全操作规范	能够规范操作(2分),物品摆放整齐(3分)	5			
课后巩固完成情况	完成质量(10分),知识掌握情况(10分)	20			
合计		100			

任务三 触摸屏与 PLC 综合应用

姓名：	班级：	日期：
自评学习效果：		

学习目标

▶ **知识目标**

1. 学习编写由触摸屏控制 PLC 的程序，并进行调试。

2. 运用触摸屏进行较为复杂的工程项目的控制与监控。

▶ **能力目标**

1. 能根据项目要求，熟练地使用三菱公司的 GX Works2 编程软件编制触摸屏程序，写入 PLC 并进行联机调试运行。

2. 能运用 PLC、触摸屏进行综合控制，解决实际工程问题。

▶ **素质目标**

1. 培养精益求精的品质和勇于挑战、攻坚克难的职业精神。

2. 培养热爱劳动、崇尚劳动的精神，深化协作共进的团队精神。

工作任务

MCGS 是 32 位工控组态软件，集动画显示、流程控制、数据采集、设备控制与输出、网络数据传输、双机热备、工程报表、数据与曲线等诸多强大功能于一身，并支持国内外众多数据采集与输出设备。PLC 是控制的核心，触摸屏是用户和 PLC 沟通的桥梁，MCGS 则对自动化设备或过程进行监控与管理。一个控制系统，视其复杂程度或客户需求，会涉及 PLC 和触摸屏的综合应用。

导学结构图

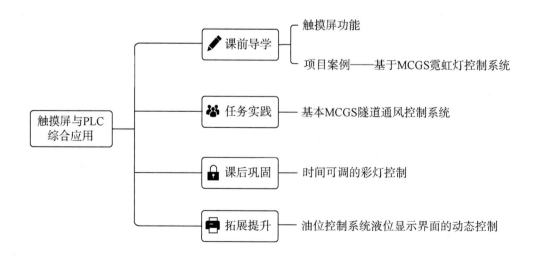

一、触摸屏功能

触摸屏和 PLC 连接后,用户通过触摸屏的画面可以访问和改变 PLC 中的数据,监控现场的各种设备。图示操作终端(GOT)内置了画面,另外还可以创建用户定义画面。用户定义画面和系统画面分别有以下功能。

1. 用户定义画面的功能

(1)画面显示功能:每个画面可以指定显示、监控和数据改变等多种功能。用户定义画面还可以使用安全功能进行访问限制。

(2)监控功能:可以显示 PLC 中的字元件设定值和当前值,数值能够以数字或棒图的形式显示,以供监控使用。图形组件的指定区域可根据 PLC 位元件的通断状态翻转显示。

(3)数据改变功能:可以监控并改变软元件的数值数据。

(4)开关功能:通过操作 GOT 内的操作键,PLC 内的位元件可以被设置为 on 或 off。显示面板可以指定为触摸键,以提供开关功能。

2. 系统画面的功能

(1)监视功能:可以以指令清单的形式读出、写入和监控程序,还可以读出、写入和监控特殊功能模块的缓冲存储器中的内容。

(2)软元件监视:可以监控和改变每个软元件的通断状态和 PLC 中每个定时器、计数器的设定值、当前值及数据寄存器的值。

(3)数据采样功能:采样数据可以以列表形式进行显示,并以清单的形式输出到打印机。

(4)报警功能:可将报警信息指定到 PLC 多达 256 个连续位元件中。如果指定元件的状态变为 on,就在用户画面上覆盖显示指定的报警信息。此外,系统画面还可将相应的位元件的状态设置为 on 来显示指定的用户画面。

(5)其他功能:系统画面内置的实时时钟可以设定和显示当前时间与日期。GOT 作为接口在 PLC 和运行编程软件的计算机之间进行通信,此时也可以显示 GOT 画面,调节画面的对比度和蜂鸣器的音量。

二、项目案例——基于 MCGS 霓虹灯控制系统

1. 案例导入

现有 8 个霓虹灯(HL1～HL8)接于 K2Y0,要求 X0 为 on 时,霓虹灯 HL1～HL8 以正序每隔 1s 轮流点亮,当 HL8(Y7)亮后,停 5s;然后,反序每隔 1s 轮流点亮,当 HL1(Y0)再亮后,停 5s,重复上述过程。当 X1 为 on 时,霓虹灯停止工作。

2. 案例分析

(1)如图 6-3-1 所示,设置标题为"基于 MCGS 霓虹灯控制系统"(填充红色,字体白色),右上角为时间显示。

(2)如图 6-3-2 所示"监控界面"上方设计与"主界面"相同。另外,还需要设置启、停按钮各 1 个,8 个指示灯,2 个等待时间显示框。

显示时间

图 6-3-1　基于 MCGS 霓虹灯控制系统主界面

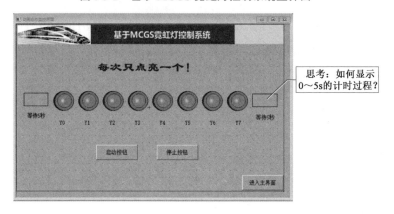

思考：如何显示
0～5s的计时过程？

图 6-3-2　基于 MCGS 霓虹灯控制系统监控界面

3. PLC 程序设计及写入

基于 MCGS 霓虹灯控制系统的 PLC 程序如图 6-3-3 所示。将其写入 PLC。

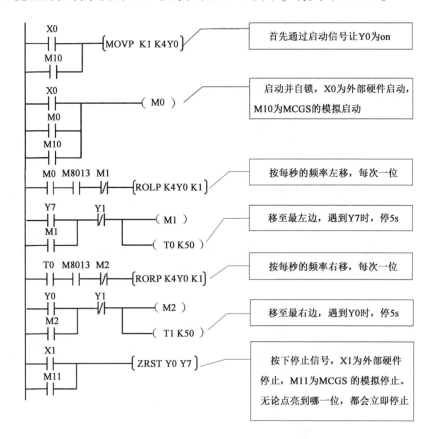

首先通过启动信号让Y0为on

启动并自锁，X0为外部硬件启动，M10为MCGS的模拟启动

按每秒的频率左移，每次一位

移至最左边，遇到Y7时，停5s

按每秒的频率右移，每次一位

移至最右边，遇到Y0时，停5s

按下停止信号，X1为外部硬件停止，M11为MCGS的模拟停止。无论点亮到哪一位，都会立即停止

图 6-3-3　基于 MCGS 霓虹灯控制系统的 PLC 程序

4.触摸屏界面设置及组态

(1)新建工程

双击桌面 MCGS 组态软件图标,进入 MCGSE 组态环境。单击菜单栏中的"文件"—"新建",弹出"新建工程设置"对话框,如图 6-3-4 所示。设置完成后,单击"确定"。

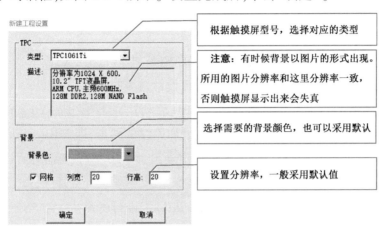

图 6-3-4　新建工程设置

(2)设备连接和建立通道

①设备连接:按照图 6-3-5 ~ 图 6-3-7 所示的 7 个步骤完成设备连接。

图 6-3-5　打开设备管理

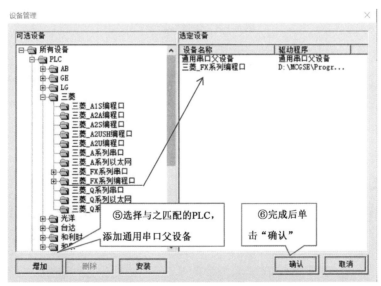

图 6-3-6　选定与外部一致的设备

图 6-3-7　完成设备组态

注意:在昆仑通态设备连接中,通用串行父设备和通用 TCP/IP 父设备的区别在于前者是串口,后者是网络(网卡)。

②建立通道:双击图 6-3-7 所示的"设备 0 - -[三菱_FX 系列编程口]",进入"设备编辑窗口",如图 6-3-8 所示,具体步骤如下:

第一步:修改 CPU 类型,改为与实训设备相符的 CPU,本项目为 FX3U。

第二步:删除与程序设计无关的设备通道(以免设计被干扰)。

第三步:增加与程序设计有关的设备通道。M10(启动)、M11(停止),Y0 ~ Y7(8 盏灯)。

　　　　增加 M 通道,通道地址从 M10 开始,增加连续的两个,即 M10(启动)、M11(停止)。

　　　　同增加 M 通道方法一样,增加 8 个输出通道,即 Y0 ~ Y7(8 盏灯)。

第四步:完成后,单击"确认"按钮。

第五步:在弹出的"存盘窗口"(图 6-3-9)中,单击"是"进行存盘。

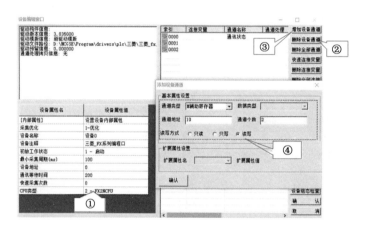

图 6-3-8　设备编辑窗口

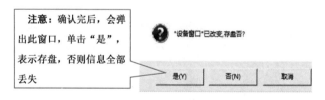

图 6-3-9　存盘窗口

(3)画面制作及变量连接

①新建窗口。在图 6-3-10 中,单击 ▦用户窗口,进入用户窗口,制作画面。单击"新建窗口"按钮,会出现 窗口0 窗口1。

图 6-3-10　新建窗口

②用户窗口属性设置。选择"窗口0",单击"窗口属性"(图6-3-10中的④),弹出"用户窗口属性设置"界面,如图6-3-11所示。在"窗口名称"文本框中输入你想要的名称,在"窗口背景"中选择你需要的背景颜色。设置完成后,单击"确认"按钮。用同样的方法设置"窗口1"。"窗口0"和"窗口1"分别变成 主界面　监控界面。

③主界面设计。依据图6-3-2样板设计。

a. 标题设置。双击"主界面"窗口,进行主界面制作。单击图6-3-12中的"标签"按钮,在"主界面"正中拖拽,绘制标签框,双击该标签框,进入图6-3-13所示的界面,进行"属性设置"和"扩展属性"设置。在"属性设置"—"静态属性"中,"填充颜色"选择"红色";"边线颜色"选择"没有边线";"字符颜色"选择"白色";单击按钮A^a,弹出"字体"对话框(图6-3-14),设置"字体""字形""大小"。完成设置,单击"确认"按钮。在"扩展属性"中的"文本内容输入"文本框中输入"基于MCGS霓虹灯控制系统"字样,其他选项默认;单击"确认"按钮,完成设置。

图6-3-11　用户窗口属性

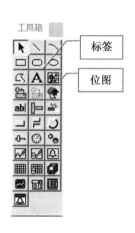

图6-3-12　工具箱

图6-3-13　标签动态画面

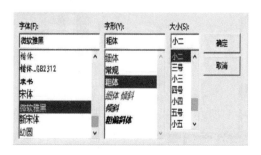

图6-3-14　字体设置

b.时间显示设置。同标题设置一样,拖拽出标签框,双击标签框。属性设置如图6-3-15所示。注意:在"输入输出连接"中勾选"显示输出",多出"显示输出"一栏,单击"显示输出",并进行图6-3-16所示的操作,系统工作时将显示系统时间。设置完成后,单击"确认"。

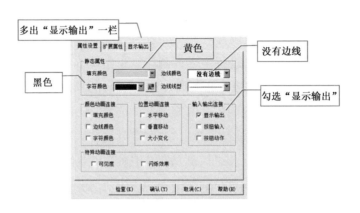

图 6-3-15　属性设置

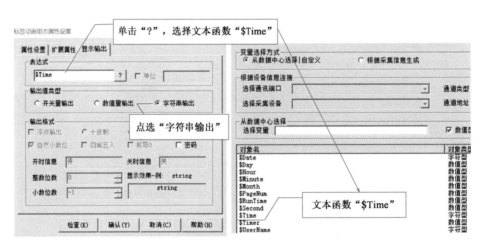

图 6-3-16　时间显示设置

c.背景设计和 Logo 设置。单击工具箱(图6-3-17)中的"位图"按钮,在"主界面"正中拖拽,绘制图6-3-18所示的装载位图,右击该位图,选择"装载位图",将装载准备好的背景图(必须是位图 ∗.bmp 格式)。Logo 的设计与背景设计雷同,此处不再赘述。

图 6-3-17　工具箱

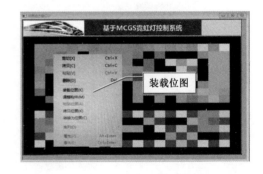

图 6-3-18　装载位图

d.切换按钮设置。如图6-3-1 所示,从"主界面"进入"监控界面",必须设置切换按钮。单击图6-3-17中的"按钮"符号,在"主界面"下方拖拽出按钮,进行按钮基本属性设置和按钮操作属性设置的操作,如图6-3-19、图6-3-20 所示。

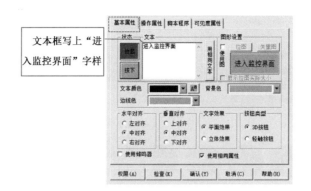

图 6-3-19　按钮基本属性设置

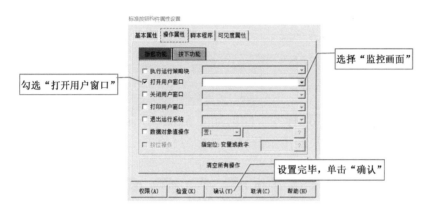

图 6-3-20　按钮操作属性设置

④监控界面设计。

a. 标题设置。双击"监控界面"窗口,进行监控界面制作。其上方的 Logo、标题、时间显示可以复制"主界面"的设计。

b. 霓虹灯设置(外形和功能)。

外形设置具体步骤如下:

第一步:单击图 6-3-21 所示"工具箱"中的"插入元件"符号。

第二步:在对象元件库(图 6-3-22)中找到"指示灯",选择你需要的指示灯。

图 6-3-21　工具箱

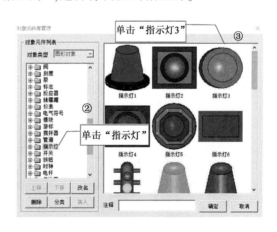

图 6-3-22　对象元件库

第三步:单击"指示灯 3"(项目案例样图),将出现在"监控界面"。

第四步:完成选择,单击"确定"。

第五步:调整该指示灯的大小。如图 6-3-23 所示,单击"编辑条"中的"多重复构件",在弹出的

"多重复制构件"对话框中,水平方向设置 8 盏灯,垂直方向设置 1 盏灯。

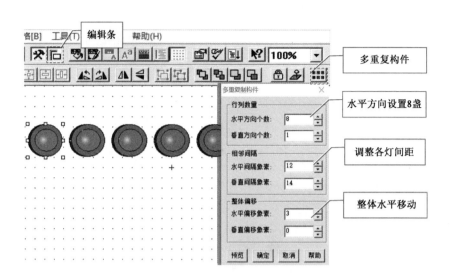

图 6-3-23　多重复构件设置

为了界面更清楚,每盏灯采用"标签"注释,如图 6-3-24 所示。注意:"标签"具有两种功能:一种可用作注释,另一种可用作显示输出(如时间、日期等)。

图 6-3-24　每盏灯采用"标签"注释

功能设置具体步骤如下:

双击"Y0"灯,进入指示灯"单元属性设置"界面,如图 6-3-25 所示。单击"数据对象"—"可见度"—"?",打开"变量选择"界面如图 6-3-26 所示。

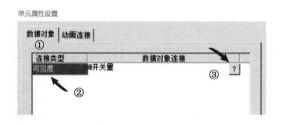

图 6-3-25　单元属性设置

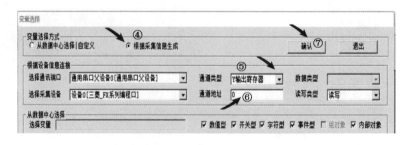

图 6-3-26　变量选择

点选"根据采集信息生成","通道类型"选择"Y 输出寄存器","通道地址"设为"0",其他信息为默认选项。

连接设置完成,单击"确认"。

其余的 7 盏灯设置雷同,不再赘述。

按钮设置(启动、停止)具体步骤如下:

第一步:在"工具箱"中单击"标准按钮",然后在"监控界面"拖拽出按钮。

第二步:调整拖拽出来按钮的尺寸和位置。

第三步:双击此按钮,进入图 6-3-27 所示的界面,进行文本、文本颜色、字体等设置。

第四步:单击"标准按钮构件属性设置"—"操作属性"(图 6-3-28),勾选"数据对象值操作",选择"按 1 松 0"(常开按钮属性),再单击"?",进入变量选择界面(图 6-3-29),点选"根据采集信息生成","通道类型"选择"M 辅助寄存器",通道地址填"10"(M10 为启动按钮),其他信息默认,最后单击"确认",完成启动按钮的设置。停止按钮设置雷同,不再赘述。

完成所有变量连接,在"实时数据库"中可以看到变量生成的最终数据(图 6-3-30)。

图 6-3-27　按钮基本属性设置　　　　图 6-3-28　按钮操作属性设置

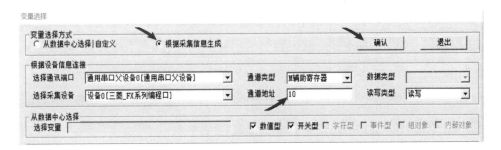

图 6-3-29　变量选择界面

图 6-3-30　按钮变量生成最终结果

5.运行调试

调试分为模拟调试和联机调试,在"下载配置"中选择。在工具栏中单击🔽,打开"下载配置"界面,如图 6-3-31 所示。在"连接方式"中选择"TCP/IP 网络"。若要进行模拟调试,单击"模拟运行";若有实体触摸屏,单击"连机运行",之后单击"工程下载",这时程序会下载到触摸屏或模拟软件中。程序下载完成后,单击"启动运行"。

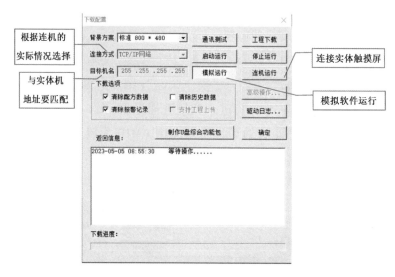

图 6-3-31　下载配置

任务实践

基于 MCGS 隧道通风控制系统

1. 任务导入

在一个隧道通风系统中,有 4 台电机驱动 4 台风机运行。为了保证工作人员安全,一般要求至少 3 台电机同时运行。因此,用绿、黄、红三色指示灯对电机运行状态进行指示。当 3 台以上电机同时运行时,绿灯亮,表示通风系统良好;当 2 台电机同时运行时,黄灯亮,表示通风状态不佳,需要改善;当少于 2 台电机运行时,红灯亮起并闪烁,发出警告表示通风太差,需马上排除故障或进行人员疏散。

2. 任务要求

(1) MCGS 触摸屏画面设有 Logo,"欢迎画面"和"监控画面"能够进行切换,设置标题为"基于 MCGS 隧道通风控制系统"。

(2)"欢迎画面"设置图 6-3-32 所示的内容,包括用户名、登录按钮、退出按钮、用户管理按钮、修改密码按钮和控制须知框。其中,用户组名包括负责人、操作组、维护组。三组中的成员依次为张三、李四、王五。张三是负责人,不需要密码也可以登录。李四是操作组,李四密码为 123。王五是维护组,王五密码为 456。

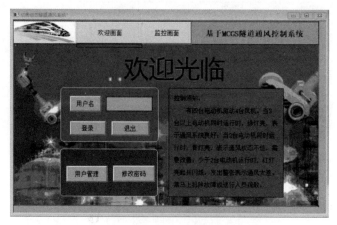

图 6-3-32　欢迎界面

（3）"监控画面"设置图 6-3-33 所示的内容,上方设计与"欢迎画面"类似,注意标识条有变化。另外,需要设置启、停按钮各 1 个,4 台电机,3 个指示灯,日期显示框 1 个,星期显示框 1 个,统计工作时长显示框 1 个。

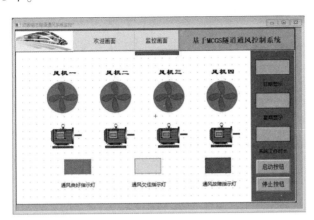

图 6-3-33　监控画面

3. MCGS 的 PLC 程序设计

课后巩固

时间可调的彩灯控制

根据以下已知条件完成触摸屏和 PLC 的联合调试。

1. 设计要求

有红、绿、黄三色彩灯,采用 MCGS 触摸屏和三菱 PLC 联合控制模式。触摸屏上设有启动按钮,当按下启动按钮时,3 盏彩灯每隔 ns 轮流点亮(间隔时间 ns 通过触摸屏设置),间隔 ns 不超过 10s,3 盏彩灯循环点亮;按下停止按钮时,3 盏彩灯熄灭。

2. 设计分析

根据任务,MCGS 触摸屏画面须设有 1 个启动按钮,1 个停止按钮,3 盏彩灯,时间设置框一个。此外,启停标签和 3 盏彩灯的标签各 1 个。

3. 设计思路

事先在触摸屏的文本框中输入定时器的设置值,按"确定"按键,为定时做准备。按下触摸屏中的启动按钮,M0 的常开触点闭合,辅助继电器 M10 线圈得电并自锁,常开触点 M10 闭合,输出继电器线圈 Y0 得电,红灯亮。与此同时,定时器 T1、T2 和 T3 开始定时:当 T1 定时时间到时,其常闭触点断开、常开触点闭合,Y0 断电、Y1 得电,对应的红灯灭、绿灯亮;当 T2 定时时间到时,Y1 断电、Y2 得电,对应的绿灯灭、黄灯亮;当 T3 定时时间到时,常闭触点断开,Y2 失电且 T1、T2 和 T3 复位,接着定时器 T1、T2 和 T3 又开始新一轮计时,红灯、绿灯、黄灯依次点亮往复循环。按下触摸屏停止,M10 失电,其常开触点断开,定时器 T1、T2 和 T3 断电,3 盏彩灯全熄灭。

4. 填写时间可调的彩灯控制 I/O 端口配置表

时间可调的彩灯控制 I/O 端口配置表见表 6-3-1。

时间可调的彩灯控制 I/O 端口配置表　　　　　　　　　　　　　表 6-3-1

输入		输出	
功能	输入继电器	功能	输出继电器
启动	M0	红灯	Y0
停止	M1	绿灯	Y1
确定	M2	黄灯	Y2

5. 程序设计

时间可调的彩灯控制程序设计如图 6-3-34 所示。

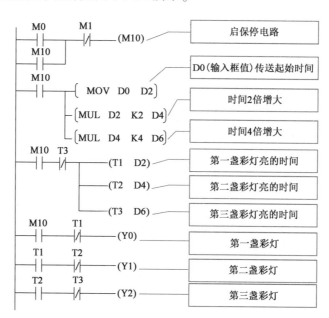

图 6-3-34　时间可调的彩灯控制程序设计

6. 完成触摸屏画面设置及组态

时间可调的彩灯控制画面示例如图 6-3-35 所示。

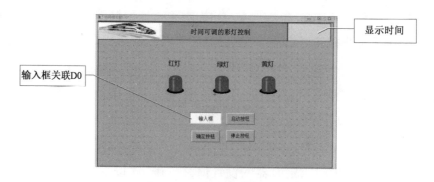

图 6-3-35　时间可调的彩灯控制画面示例

拓展提升

油位控制系统液位显示界面的动态控制

由图形对象搭建而成的图形界面是静止不动的,需要对这些图形对象进行动画设计,真实地描述外界对象的状态变化,达到对过程实时监控的目的。MCGS实现图形动画设计的主要方法是:将用户窗口中的图形对象与实时数据库中的数据对象建立相关性连接,并设置相应的动画属性。在系统运行过程中,图形对象的外观和状态特征由数据对象的实时采集值驱动,从而实现图形的动画效果。下面完成油位控制系统液位显示界面的动态控制。

通过"油位控制系统液位显示界面"学习动画构件的组态及应用。如图6-3-36所示,主要完成组态界面设计和油位控制系统功能。

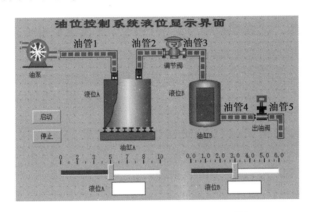

图6-3-36 油位控制系统液位显示范例

1. 油位控制系统组态界面设计

工程框架只有一个用户窗口,实现油位控制和数据显示,包括标题、1个启动按钮、1个停止按钮、2个油罐、1个进油泵、1个调节阀、1个出油阀、2个滑动输入器和2个显示框等控件。

2. 油位控制系统功能

如图6-3-36所示,当按下启动按钮时,油泵开始进油,油管1中的液体(流动块)流动。若移动油缸A对应的滑动输入器,液位A随滑块的变化上升或下降,液位A的显示框显示当前值。若打开调节阀,油管2和油管3中的液体流动,移动油缸B对应的滑动输入器,液位B随滑块的变换上升或下降,液位B的显示框显示当前值。若打开出油阀,油管4和油管5中的液体流动,表示油液流出,同时液位B下降。

3. 相关的动画构件介绍

(1)输入框

输入框用来录入输入信号,如压力、流量、时间、频率等。具体步骤:单击工具箱中的"输入框"(图6-3-37),在画面中拖拽出大小合适的输入框,双击该输入框,进入"输入框构件属性设置"界面,进行"基本属性""操作属性""可见度属性(设置为默认)"的设置。

单击"操作属性",在"对应数据对象的名称"中添加变量,勾选"使用单位",录入输入信号的单位。若想调整小数点位数,取消"自然小数位"的勾选,就可以根据情况设定。根据输入值的范围(量程),设定"最小值""最大值"。另外,为了更清楚地表达用意,应用标签给输入框注释。

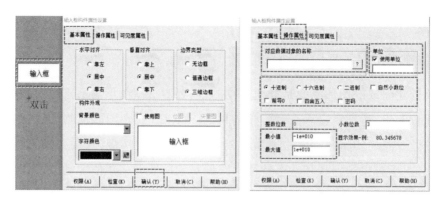

图 6-3-37　输入框构件属性设置

（2）流动块

流动块表示管路中液体或者气体流动的方向。图 6-3-38 中红色的条就是流动块,里面的红色块是可以设置动作和方向的。这样在监控画面中就可以直观地观察流水的方向,或者流动与否。流动块构件属性设置分为外观设置和流动块属性设置。

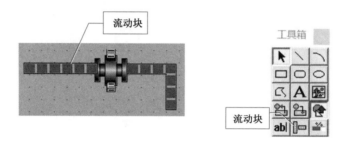

图 6-3-38　流动块

流动块外观设置:如图 6-3-39 所示,流动外观中包括块的长度、块间间隔等。注意:流动块的宽度不要超过管道宽度。为了更真实,最好有边线。根据实际流动情况,设置流动方向和流动速度。

流动块流动属性设置:如图 6-3-40 所示,需要关联预先设置的变量,点选流动条件,即根据实际情况,当表达式非零时(为"1")流块开始流动。

图 6-3-39　流动块外观设置　　　　图 6-3-40　流动块流动属性设置

（3）滑动输入器

滑动输入器构件是通过模拟滑块直线移动实现数值输入的一种动画图形构件。滑动输入器运行时,鼠标移动到滑动输入器构件的滑块上方,按住鼠标左键拖动滑块,改变滑块的位置,进而改变构件所连接的变量的值。在"工具箱"中单击"滑动输入器",在"主界面"中拖拽,绘制出

图6-3-41所示的图样,并按照图样设置参数。双击进入"滑动输入器构件属性设置",根据实际情况,设置相关参数,如图6-3-42和图6-3-43所示。

图 6-3-41 滑动输入器

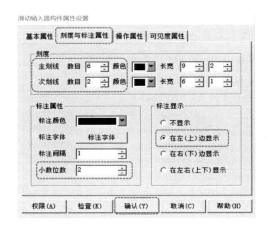

图 6-3-42 刻度与标注属性设置

图 6-3-43 操作属性设置

✏ **任务中自己发现的问题应如何解决?**

任务测评

评价内容	评价标准	分值(分)	学生互评	组长评分	教师评分
课前导学完成情况	完成质量,知识掌握情况	20			
按要求设置6个窗口	6个窗口可以自如切换	10			
界面设置	与样板窗口很接近(5分),有创意(5分)	10			
用户组、用户名	按要求设置用户组和用户名,并实现功能	15			
用户管理	负责人可以增减用户	10			
修改密码	按要求用户可以修改自己密码	10			
安全操作规范	能够规范操作(2分),物品摆放整齐(3分)	5			
课后巩固完成情况	完成质量(10分),知识掌握情况(10分)	20			
合计		100			

参 考 文 献

[1] 刘振全,王汉芝,王有成.西门子 PLC 从入门到精通[M].北京:化学工业出版社,2022.

[2] 顾阳.PLC 技术与应用实例[M].北京:电子工业出版社,2021.

[3] 李林涛.三菱 FX3U/5U PLC 从入门到精通[M].北京:机械工业出版社,2022.

[4] 牟应华,陈玉平.三菱 PLC 项目式教程[M].北京:化学工业出版社,2020.

[5] 祝红芳,熊媛,朱丽娜.可编程控制器应用技术:项目化教程[M].3 版.北京:化学工业出版社,2022.